如何成为一个 有趣的人

王小圈 / 著

電子工業出版社
Publishing House of Electronics Industry
北京•BEIJING

内容简介

有趣是对个人魅力的最高评价。我们能判断什么人有趣，却很少能说出有趣是什么。本书旁征博引，深入剖析“什么是有趣”“为什么有趣”“如何有趣”三大命题，把“有趣”重构成一种可以学习的技能，真正做到“开卷有趣”。

本书融合历史、人文、心理学、认知科学等知识，行文流水，有趣有料有干货。

图书在版编目（CIP）数据

如何成为一个有趣的人 / 王小圈著. —北京：电子工业出版社，2017.6
ISBN 978-7-121-31415-5

Ⅰ. ①如… Ⅱ. ①王… Ⅲ. ①人格—通俗读物 Ⅳ. ①B825-49

中国版本图书馆CIP数据核字（2017）第085054号

责任编辑：张月萍
印　　刷：涿州市般润文化传播有限公司
装　　订：涿州市般润文化传播有限公司
出版发行：电子工业出版社
北京市海淀区万寿路173信箱　　邮编：100036
开　　本：880×1230　1/32　　印张：7.5　　字数：193千字
版　　次：2017年6月第1版
印　　次：2022年10月第17次印刷
定　　价：59.00元

凡所购买电子工业出版社图书有缺损问题，请向购买书店调换。若书店售缺，请与本社发行部联系，联系及邮购电话：（010）88254888，88258888。

质量投诉请发邮件至zlts@phei.com.cn，盗版侵权举报请发邮件至dbqq@phei.com.cn。

本书咨询联系方式：（010）51260888-819，faq@phei.com.cn。

前言

当我们说“如何做一个有趣的人”时，其实包含两层意思：

1. 有趣= interesting，即如何“让人觉得有趣，让别人对我产生兴趣”。
2. 有趣= interested，即如何“让我认为活着挺有趣，让我对生活感兴趣”。

所以，“如何成为有趣的人”下就有两个议题：

1. 如何让别人觉得自己是个有趣的人？
2. 如何让自己觉得活着挺有趣？

这两个议题因“我们对他人的观察”和“他人对我们的观察”的交织、穿插、叠加、纠缠，形成了我们对“有趣”的大致认知。

拉小提琴、跳芭蕾舞、画素描、跑马拉松都是需要练习才能做到的技能，但又不仅仅是技能。一位优秀的演奏家、舞蹈家、画家、运动员在他施展这项技能的时候，施展的不仅仅是技能本身，还有他对世界的认知，他对人生的态度。从这个意义上说，“有趣”不仅仅是一种生活态度，还是一种技能。

是技能就可以学习。

“有趣”是最艰难的技能，我们对“有趣”有着语言学上的统一理解，却几乎无人说清“有趣”到底是一种怎样的特质。你也无法通过一套考纲、两本教材、三个学分、每周四堂课获得“有趣”的学分。

“有趣”又是简单的技能，因为“有趣”这个特质本身具有很强的趣味性，我们可以通过捕捉“有趣”的片段，抽丝剥茧地分析有趣的理念，然后陷入这个领域不可自拔——你甚至不需要学习，就像你不需要学习打游戏就会追到满级。

小提琴曲是优雅动听的，练习小提琴是循序渐进有章法的；打篮球是愉快的，职业篮球训练是排兵布阵有计划的；打游戏到满级是有趣的，但是游戏攻略是有公式有计算分毫不差的——邂逅一个有趣的人是有趣的，但讨论怎么有趣是认真细致有理性的。

这是一本用认真和理性来讨论“有趣”的书。

这本有趣的书有幸获得雅文插画师的鼎力支持，为这本书添色不少。特别感谢成都道然科技有限责任公司全程专业的策划支持。

Contents

目录

第1章
chapter 1

有趣是一场令人愉悦的意外

倾国倾城的美人，妆成每被秋娘妒；叱诧风云的名将，树敌如林世人皆欲杀；

一掷千金的富豪，亦有人不屑一顾；唯有一个人的有趣，人见人爱花见花开。

“有趣”是对一个人个人魅力的最高赞赏。

当我们夸一个人聪明，其实夸的是他祖传的DNA。

当我们夸一个女子美貌，其实夸的还是DNA，或是夸她的整容医生艺高人胆大。

当我们夸一个人有钱，其实是一种对强者的崇拜。当代大多数人的生活情景中，钱是衡量社会地位的重要指标——虽然在人类历史上，有钱成为成功者的指标还没几年工夫。

两百年前，欧洲人更热衷勋爵，中国人更热衷功名，有钱只是社会地位高的“结果”而非“原因”。

我们还会夸一个人勇敢、善良、诚信、博爱，等等，其实是夸对方符合当下的道德观，无异于“我觉得你是一个好人”。

唯有有趣，跳脱功名利禄身世皮囊，也无关道德评价，是一种稀缺而珍贵的品质，也是对一个人的灵魂极为由衷的赞美。在这个什么都不缺又什么都不够的世界，没什么比一句诚心诚意的“你是一个有趣的人”更治愈了。

1.1 无聊，一场悄悄袭来的现代瘟疫

这个世界什么东西都会过期，唯有小心翼翼地未雨绸缪，方能多一线生机。可是，如果时间有富余，又无法被愉快地消耗掉，那便是彻头彻尾的——无聊。

我小时候没什么娱乐，大人业余看报下棋打牌，哥哥姐姐业余跳舞游园看电影，小朋友课余跳皮筋打玻璃弹打水枪，没有电脑和手机，那时的人活得并不苦闷。可是你若让现在的人关停一小时手机，这人大概会心跳加快、手心冒汗、神智惶恐，堪比忍受酷刑。如今科技高速发展，娱乐方式日新月异，打发时间的方式越来越多，人为什么反而觉得更无聊了呢？

没有选择

当一个理性的人在选择要不要做一件事时，他会先在心里列一个等式：

付出=回报？

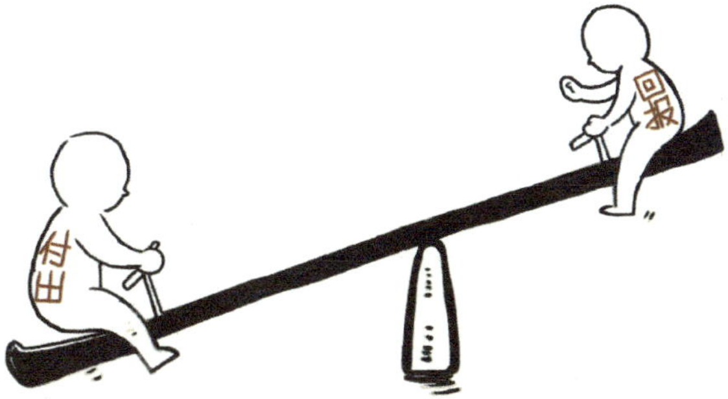

比如付出“大热天一个小时的车程”，回报“和40公里外的好友喝下午茶”；

比如付出“1000元现金”，回报“在游戏里买顶级道具打败小怪兽”；

比如付出“6个月的辛苦学习”，回报“注册会计师考试2门课程通过”。

当人们觉得一件事回报大于付出，就会选择去做。

我根据付出和回报两个维度建一个坐标系：

- 高付出高回报：称之为“正事”。
- 低付出低回报：称之为“消遣”。
- 高付出低回报：称之为“倒霉”。
- 低付出高回报：称之为“幸运”。

倒霉事没人愿意做，幸运事可遇不可求。这里主要谈谈正事和消遣。

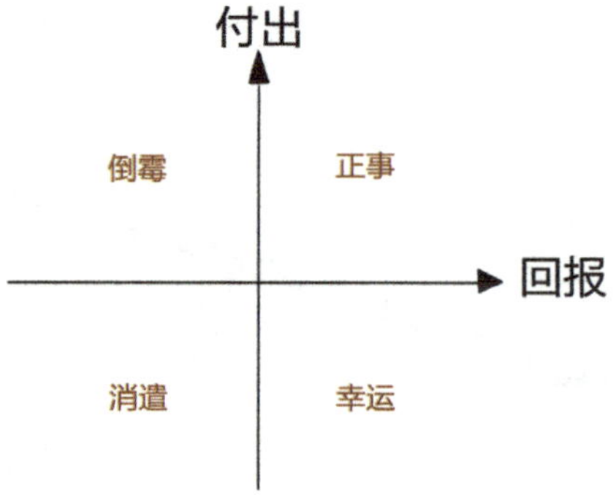

有很多高付出高回报的东西，所谓“正事”——

想得到名牌大学的入学通知书，需要付出多年的埋头苦读。

想得到高收入的职位，需要付出多年的职场拼搏：自学、加班、人际关系管理。

想得到博大精深的学识，需要付出的是耐心和毅力，以及啃读枯燥艰深的书。

也有低付出低回报的东西，所谓“消遣”——

想得到杀伐决断的快感，只需点开游戏软件。

想得到从头到脚浑身畅快，只需进入汗蒸房，再花300块请个推拿。

想得到口舌之欲，只需吃一顿丰盛大餐。

正事往往需要长期持续的付出，其中还包含相当程度的风险——你不知道你的付出有没有回报，只能认为付出多得到回报的概率更大。但正事的回报也非常巨大，考上一个好大学能让数年的人生道路更轻松，学会一项技能能让几十年职业发展更顺利，而学到一门深刻的学问、练习一项门槛不低的技艺能让人受益终生。

消遣的回报则来得更明确也更迅速，很多消遣的回报基于感官刺激。当人接受的刺激越来越多，也越来越强烈时，对感官刺激的敏感度就会下降，变得迟钝，这时就需要更强烈的刺激才能引发快感，导致人对刺激的反应更加迟钝，陷入一个死循环——成瘾性药物就是这样伤害人类的。

正事和消遣只是一个主观的定义，别人眼里的消遣在你眼中可能是正事。

正事和消遣还是一个相对的定义，同样玩游戏，玩魔兽的比起玩俄罗斯方块的，就要付出更多的时间和精力，同时也回报更多的愉悦感。

快节奏的现代生活大大提高了人们对刺激反应的阈值，降低了人的耐心，这让低付出低回报成为人们热衷的“杀时间”方式。快餐小说、快餐电影、耸人听闻的标题党新闻、烟酒咖啡因等为刺激感官而生的消费品充斥我们的生活，“每天五分钟学流利英文”，“两分钟瘦身操”这种非理性宣传大行其道。

当一个人既不愿意为“正事”付出太多，又嫌弃“消遣”回报太少时，一种困惑、迷茫、犹疑、不悦的感觉就出来了，我们称之为——无聊。

你无聊的时候，不是没事干的时候，相反可能你还很忙：暑假还剩一周假期作业一点没动，下个月要考的证还没复习完，明天开会要讲的PPT还没写，可还是觉得“什么都不想干！好无聊！”

有些人会用消遣来代替正事。消遣的时候有事可做是不无聊的，但等到消遣完正事一点未动，deadline又近了一步，此刻积蓄已久的无聊感裹挟着愧疚感如开闸放水奔腾而下，我们称之为——拖延症。

回避选择

[衣橱困局]

问：当一个女生衣柜里有多少件衣服时，她的“选择障碍综合症”会爆发？

这显然不是一个线性关系。

当女生只有7件服饰时，只需要考虑气温轮着穿就行了，没有太多纠结的余地。当她有30件服饰时，就有资格考虑气温，以及外观、日照、湿度。

当她有100件服饰时，就有资格考虑气温，外观、日照、湿度，以及场合、搭配、心情。这时她的选衣服困难指数大概会达到峰值，因为70件足以让她换着花样搭配，却不足以做出完美搭配：松花色的连衣裙最适合明媚的春光，想撞色桃红的小包，让自己透着点娇艳。可是她只有两个红包包：水红的太浅，石榴红的又太深，于是痛苦就开始了——两个都不满意。

当她有3000件服饰时，选择或许会花很多时间，但选择的过程会变得没那么困难，因为有的是颜色供她挑。

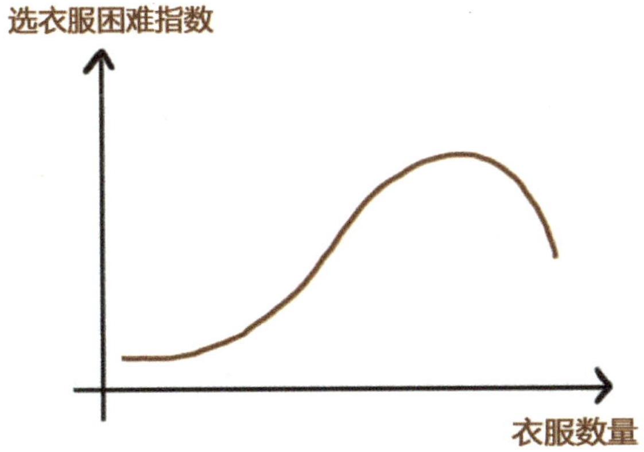

很多人怀念中学也基于同样的原因。

在中学里，有法定课本，有老师排课、布置作业、考试，学生不需要思考该学什么东西、选什么教材、找什么人学、用什么办法记住。

但在大学里，可以在一定范围内选择课程和老师，自主选择课外活动。而工作后，选择的余地就更多了，可以选择进入什么行业，学习什么技能，生活在什么城市……这基于一个人的学历、能力、家庭背景等。对普通人而言，这些选择往往是十分有限的。

但如果你是豪门二代或是天纵奇才，选择的范围就会广很多，人生也会有很大概率变得更愉快一点。

人们常说："有的选总比没的选好。"

但事实上，人似乎天生回避选择。因为当人可以自主选择的时候，往往意味着要自己为选择的后果承担责任。

小明："我们去哪儿吃饭？"

小红："随便。"

小红："晚上看啥电影？"

小明："看你。"

这是生活中常见的对话。这种脱口就来的"随便""看你""都行"表面上看是随和无争、为对方考虑，实际上是在为自己逃脱可能承担的责任。

"做选择的人不是我，所以饭菜不好吃，电影不好看，就怪不到我头上。"——这才是说"随便"的人的内心独白。

如果我们对决策有一定范围内的选择权，而各个选择间的差别不大又都不能令人满意，同时又不想承担选择的风险时，一种困惑、迷茫、犹疑、不悦的感觉就出来了——没错，又是无聊。80后往往有这个体验：拿着遥控器转完一轮200个电视台的节目，又回到第一个频道——这种无聊，你感觉到了吗？

无聊是一种特权

人类幸福的两大死敌——痛苦和无聊。痛苦与无聊之间的关系是双重的对立关系。一重是外在的，属于客体；另一重则是内在的，属于主体。外在的一重对立关系其实也就是生活的艰辛和匮乏产生出了痛苦，而丰裕和安定就产生无聊。因此，我们看见劳动阶层与匮乏——亦即痛苦——进行着永恒的斗争，而有钱的上流社会却旷日持久地与无聊进行一场堪称绝望的搏斗。

——《人生的智慧 第2章》叔本华

并不是所有人都有资格无聊。叔本华认为无聊源自“丰裕和安定”，属于“上流社会”。当代生产力的发展导致中下层社会也有了“丰裕和安定”，无聊的人便多了。

有足够智力的人才会无聊。

当一个人在智力范围内活动时，很少会有无聊感，但当工作需要的智力远远低于劳动者的智力时，无聊感就爆发了。比如一个儿童可以玩一块木头一整天，始终保持高度兴趣，而成年人就会觉得这很无聊。再比如一位流水线工人在熟悉工作后，对简单重复的工作也会产生无聊感。

我遇到过一个土豪让我帮他攒台式电脑，他要求最高速度的CPU，用于回家玩QQ斗地主，仅有的并行程序是浏览器刷百度贴吧。那台电脑如果有小情绪，也会觉得无聊吧。

有足够视野的人才会无聊。

无聊只是表象，实质是一个有智慧的大脑忍受不了精神的空虚。这个“空虚”与否的判定，基于一个相对值，而非绝对值。

人的视野可以分为两种：一是你能看到的视野；二是你能达到的视野。一个终生在桃花源里的农妇会觉得现世安稳岁月静好，一个大都市花花世界打拼的年轻人却觉得寂寞空虚冷，因为前者所见如斯，所得如斯，而后者所见的是天上人间，所得的却只是出租房单人间。

有足够时间的人才会无聊。

如叔本华所说，在古代，无聊只算一种贵族病，普通人一年到头艰辛劳碌，主要负责“痛苦”，没多少思考无聊有聊的机会。感谢8小时工作制，虽然现代一样有自称“加班狗”的大忙人无暇顾及无聊的情绪，但又多多少少有些人可以在下班、上厕所、抽烟、睡前的碎片时间思考人生。

有足够思想深度的人才会无聊。

周星驰版的电影《唐伯虎点秋香》里，唐伯虎才高八斗，却觉得日子过得兴味索然。而他的八位太太每日开两桌麻将，忙碌充实得很。

有足够个人空间的人才会无聊。

叔本华还说过刺猬困境（Hedgehog’s dilemma），人跟人就像冬天里的刺猬，围着彼此取暖又不能把彼此戳到，所谓近之则不逊远之则怨。随着大城市人口流动性的增加，人与人之间的心理距离也越来越大，后果之一便是“容易有孤独感”——每个人都是一座孤岛。孤岛与孤岛之间缺乏深层次的沟通交流，更易无聊。

人生三境界：见山是山，见山不是山，见山还是山。

见山是山，便是那桃花源农妇般未加雕琢的质朴本心；

见山不是山，便是一缕聪明而又无处依托的无聊之心绪；

见山还是山，便是接下来要探讨的主题——这个世界本来就是极有趣的，你也是。

测一测你无聊吗

无聊感倾向量表（Boredom Proneness Scale）

测量表设计者为俄勒冈大学心理学家诺曼·D·森德伯尔和俄勒冈州研究院的理查德·F·法曼。该测量表引自以上两位1986年发表于《个性评估》（“*Journal of Personality Assessment*”）杂志的论文。

你属于容易无聊的人群吗？测试一下吧。

在每个问题后给自己打分，分值在1~7 之间。强烈反对记1分，完全赞成记7分，中立记4分。请注意用“*”标记的句子的分数正好相反：完全赞成记1分，强烈反对记7分。

无聊感倾向量描述	得分（1~7）
*1. 对我来说，全神贯注是件易如反掌的事情。	□
2. 工作时，我常为其他事情忧心忡忡。	□
3. 时间似乎总是过得很慢。	□
4. 我经常觉得自己“闲得发慌”，但又不知道该干点什么。	□
5. 在必须做一些毫无意义的事情时，我常常感到困扰。	□
6. 被迫观看别人的家庭电影或旅行幻灯片，这让我倍感无聊。	□
*7. 我脑海里始终有许多计划和任务需要去做。	□
*8. 对我而言，自娱自乐是件很容易的事。	□
9. 我需要做的都是些重复单调的事情。	□
10. 与大多数人相比，我需要更多的刺激才能促使我前进。	□
*11. 我能从自己做的大多数事情中寻找到刺激。	□
12. 我很少因为我的工作而兴奋。	□
*13. 任何情况下我总能找到事情做，而且能够找到并保持自己的兴趣。	□

续表

无聊感倾向量描述	得分（1~7）
14. 大多数时候我总是无所事事。	□
*15. 我可以很耐心地等待。	□
16. 我常常觉得自己无事可做，很闲。	□
17. 在一些不得不等待的场合，比如排队时，我会变得坐立不安。	□
*18. 我常常一觉醒来就有个新点子。	□
19. 我很难找到一个让我十分兴奋的工作。	□
*20. 我需要在生活中找到更多充满挑战的事情来做。	□
21. 我大多数时候都觉得自己的能力应付工作所需实在是绰绰有余。	□
*22. 许多人会说我是一个有创造力、想象力丰富的人。	□
*23. 我的兴趣太广泛了，没有时间把这些事情一一做完。	□
*24. 在朋友圈中，我是最有恒心的一个。	□
25. 除非是做一些令人激动甚至危险的事情，我总觉得自己无聊得像行尸走肉。	□
26. 丰富的变化和多样性才能让我真的开心。	□
27. 电视和电影都千篇一律，太过时了。	□
28. 年轻的时候，我总是感到周围的环境既单调又无聊。	□
总　　分	

在回答完所有问题之后，请将28 道题的得分相加。总分越高，说明你越容易无聊，总分偏低，则说明你不容易无聊。多伦多约克大学临床心理学家约翰·D·伊斯特伍德和他的同事进行了一项群体测试，这项测试的平均分为99分，“正常”人群大约占总人数的2/3，分数分布在81 分到117 分之间；其余有2.3% 的人得分高于135分或低于63 分。

1.2 有趣是个什么东西

“有趣”可分为两个维度。

1. 作为interested解读，自我审视的视角中：我是否对生活有兴趣？
2. 作为 interesting解读，他者观察的视角中：在他人眼里，我是否有趣？

生活是否有趣

要获得自己对生活的认可，最容易，也最难。说容易，是因为自己只有一个视角，不像他者视角千人千面。说难，是因为随着自身见识的提高，会对生活不断提出新的要求，要满足一个不断变化的自己，必须付出更多。

在自我审视视角中，“有趣”的人始终明确自己想要的是什么：要的是过程，而不是结果。

譬如旅途往往让人感到无聊，因为人想要的是目的地，上路只是为了达到目的地不得不做的事。倘若舟车劳顿后发现白来一趟，大概是无聊中的无聊了吧？

（徽之）尝居山阴，夜雪初霁，月色清朗，四望皓然，独酌酒咏左思《招隐诗》，忽忆戴逵。逵时在剡，便夜乘小船诣之，经宿方至，造门不前而反。人问其故，徽之曰：“本乘兴而行，兴尽而反，何必见安道邪！”

——《晋书·列传第五十》

翻译：

王徽之曾住山阴，一日夜里大雪初停，月色清朗，四周望去白茫茫一片，他独自饮酒咏左思的《招隐诗》，突然想起戴逵。彼时戴逵在剡溪，便夜乘小船去拜访他，经过一晚才到，到戴逵门口不再上前反而返回。别人问他为什么不拜访戴逵，他说："我本来乘兴而来，兴尽而返，何必见戴逵呢？"

王徽之劳顿一宿才到目的地，却没有见戴逵，只留下了这段"乘兴而行，兴尽而反"的千古佳话。我们已经无法得知当夜发生了什么，只能从那句"兴尽而反"中感受到王徽之的愉悦和满足，这一夜，他必然不觉得无聊。

把过程当作目的，在无聊中寻找意义。别人以为你在拜访戴逵，只有你自己知道只是在找乐子，只要乐子找到了，戴逵见不见也就不重要了。

曾有人问我如何分辨学霸与学神，我说学神是"以玩的心态学习"，学霸是"以努力的心态学习"。学霸想要个好成绩，有很强的自律能力；学神只想要念书，念书本身对他已经构成足够的吸引力，考得好反而是附加的福利，根本不需要自律。

我想瘦，所以去跑步——这会让跑步变得很无聊。

我觉得跑步很爽，所以去跑步，一天不跑我就难受——这会让跑步变得有趣。

我想考六级，所以去背单词——这会让英语变得很无聊。

我喜欢英语，没事就翻翻原文小说——这会让英语变得有趣。

很多时候，事情的结果不是我们能控制的：复读三年考不上心仪的大学，苦追女神女神虽感动却拒绝，付出善意却被所有人误解……这些结果让人觉得人生凄凉，但如果我们由衷地关注事情的过程，便会释怀。

在这方面最让人感慨的莫过于李叔同，早年的他才华横溢恃才傲物，喝酒唱戏狎妓郊游，日子过得那叫一个纸醉金迷声色犬马，到了晚年竟成另一番光景。请允许我在这里长篇引用一段潇洒的文字，因为我实在舍不得删减——

“那家旅馆不十分清爽罢。”我说。

“很好！臭虫也不多，不过两三只。主人待我非常客气呢！”

他又和我说了些轮船统舱中茶房怎样待他和善，在此地挂褡怎样舒服等等的话。

我惘然了。继而邀他明日同往白马湖去小住几日，他初说再看机会，及我坚请，他也就欣然答应。

行李很是简单，铺盖竟是用粉破的席子包的。到了白马湖后，在春社里替他打扫了房间，他就自己打开铺盖，那粉破的席子丁宁珍重地铺在床上，摊开了被，再把衣服卷了几件作枕。拿出黑而且破得不堪的毛巾走到湖边洗面去。

“这手巾太破了，替你换一条好吗？”我忍不住了。

“哪里！还好用的，和新的也差不多。”他把那破手巾珍重地张开来给我看，表示还不十分旧。

他是过午不食了的。第二日未到午，我送了饭和两碗素菜去（他坚说只要一碗的，我勉强再加了一碗），在旁坐了陪他。碗里所有的原只是些莱菔、白菜之类，可是在他却几乎是要变色而作的盛馔，丁宁喜悦地把饭划入口里，郑重地用筷夹起一块莱菔来的那种了不得的神情，我见了几乎要下欢喜惭愧之泪了！

第二日，有另一位朋友送了四样菜来斋他，我也同席。其中有一碗咸得非常的，我说：“这太咸了！”

“好的！咸的也有咸的滋味，也好的！”

我家和他寄寓的春社相隔有一段路，第三日，他说饭不必送去，可以自己来吃，且笑说乞食是出家人的本等的话。

“那么逢天雨仍替你送去罢！”

“不要紧！天雨，我有木屐哩！”他说出木屐二字时，神情上竟俨然是一种了不得的法宝。

我总还有些不安。

他又说：“每日走些路，也是一种很好的运动。”

我也就无法反对了。

在他，世间竟没有不好的东西，一切都好，小旅馆好，统舱好，挂褡好，粉破的席子好，破旧的手巾好，白菜好，莱菔好，咸苦的蔬菜好，跑路好，什么都有味，什么都了不得。

这是何等的风光啊！

——《李叔同：世间没有不好的东西》夏丏尊

好一个“何等的风光”！

有趣的人

在他者观察的视角中，往往乐于判断一个人是否有趣，却很少能明确定义到底什么叫作有趣。

以红楼梦为例，公认林黛玉、史湘云是有趣的，贾探春、王熙凤是有趣的；相对的，贾迎春、薛宝钗就不那么有趣。在这些有趣的人里头，黛玉、史湘云是有小脾气的，探春是有大脾气的，王熙凤是有暴脾气的，后两个都是没脾气的。前四个有趣的，是前八十回里最讨老太太喜欢的——而老太太是书里第一人精，是看人最准的。

我们仔细想想这四个人都有趣在哪儿了。

林黛玉：首先她格调很高，比如葬花，一般人赏花而已，想不出这么个玩法。其次她嘴特别贫，宝玉说这园子里最会说话的就数林黛玉和王熙凤。

史湘云：她特别豪迈，大雪天扑雪人掉沟里摔得一身泥水，喝醉酒大石头上就躺着睡着了，拿铁架子大块烤肉，被人说乞丐一样还理直气壮反驳，说自己大吃大嚼，回头才能作诗作得“锦心绣口”。

贾探春：她有玩具收藏癖，红泥做的小火炉什么的，求宝玉给她买好玩的。贾贵妃也知道，生日都给她送玩具。另外她脾气大，发怒了能一个大嘴巴子呼上去。

王熙凤：特别会说笑话，嘴快人爽利，不拖泥带水。

这四个人有一个共同点：都算不上是符合时代标准的大家闺秀、公府小姐/媳妇的形象。而她们有趣的那个点，恰恰就是不符合她们身份的那个点。

本质上，“有趣”是一场令人愉悦的意外，是一种无关功利的惊喜。

首先，有趣是一种意外。别人认为你本应该是这样的，而你不是。

我们对贵族小姐的想象是温柔贞静，从容绣花的。偏偏她们不是。她们吵架骂人还打人，她们烤肉喝酒还喝醉，她们也能挽了袖子，跐着门槛子一边挖耳朵一边吹过堂风——原来是这样啊，跟我想的不一样呢！这种欣喜让我感到了“有趣”。而那个温柔贞静，从容绣花的迎春二小姐，从不给我这样的机会。她的一举一动，都是读者意料之中的。

其次，有趣是一种愉悦感。

带来愉快的意外感，让人觉得“有趣”；带来不快的意外感，只会让人觉得愤怒。

带来愉快的“意外感”可以分两种。

1. 我不知道你是这样啊！

例如我对林黛玉的感受是：我不知道贵族小姐原来可以这么话多还贫嘴。

例如金圣叹，堪称弹幕界的始祖，砍头前的最后一刻，他说下了遗言“豆干与花生米同嚼，有火腿滋味”，不按常理出牌，把人生悲剧画上最后一抹黑色冷幽默。

这种有趣是横向的，开拓了我认知对方的广度。

2. 我知道你原来是这样，但是我不知道你“这样”到这种程度。

还是举例林黛玉：我知道探花的女儿敏感细腻伤春悲秋，但是我真不知道你能伤春悲秋到这个程度，赏花也就罢了，还要葬花。

再例如苏东坡，我们知道苏东坡爱吃肉，正儿八经写过《老饕赋》，什么“烂樱珠之煎蜜，滃杏酪之蒸羔”，什么“蛤半熟而含酒，蟹微生而带糟”，都在意料之内。当他自己买不起羊肉只能买羊脊骨时，我也理解。他说他细细炖了羊骨头，两块骨头啃了一天，我也忍了。当他说自己吃得挺开心，但是狗不高兴时，我实在是憋不住拍案大笑——馋到狗都嫌，这境界一般人还真想不到。

惠州市井寥落，然犹日杀一羊，不敢与仕者争买，时嘱屠者买其脊骨耳。骨间亦有微肉，熟煮热漉出，渍酒中，点薄盐炙微燋食之。终日抉剔，得铢两于肯綮之间，意甚喜之。如食蟹螯，率数日辄一食，甚觉有补。子由三年食堂庖，所食刍豢，没齿而不得骨，岂复知此味乎？戏书此纸遗之，虽戏语，实可施用也。然此说行，则众狗不悦矣。

——《苏轼集与子由弟四首（之四）》

这种有趣是纵向的，开拓了我认知对方的深度。

当代也有这样的例子。澳大利亚大胡子辣妹Ladybeard和俄罗斯花样滑冰公主梅德韦杰娃都凭借美少女形象进行跨行业的现象级传播。

大胡子辣妹本行是反串摔跤手，以发达的肌肉、浓密的胡须等男性荷尔蒙色彩浓郁的体征，穿上可爱的水手服，形成强烈视觉冲击。而梅德韦杰娃是个非常优秀的花样滑冰女单选手，具备16岁俄罗斯少女的高水准颜值、无敌大长腿、纤细柔软的身材，完美契合人们对《美少女战士》的三次元想象。

在这里，大胡子辣妹就是横向的有趣，梅德韦杰娃就是纵向的有趣。反正，殊途同归，她们都很红。

第三，有趣无关功利，且与人无伤。

不是说“不能涉及功利目的”，而是“必须包含非功利的愉悦点”。

男朋友送一枚鸽子蛋大的钻戒当生日礼物——这是意外的惊喜，但不是有趣。

男朋友手工制作了恋爱一周年手账，里面每天写一句情话画一张女友速写——这是有趣。

男朋友手工制作了恋爱三周年手账，里面每天写一句情话画一张女友速写，手账里扣了个洞，放了一枚鸽子蛋大的钻戒——这还是有趣。

再举个例子。

人们一般不喜欢看广告，于是有了软文，拐着弯夸产品好。当软文没有被发现是软文时，因其无功利性，会比广告更吸引人。但一篇再有趣的文章，若一旦被发现是软文，就像吃饭吃出一只小强脚一样让人觉得恶心。所以现在出现了一类很受欢迎的广告风格——“神转折”风格。

比如北京故宫的网店“故宫淘宝”的软文风格是这样的：先科普一大篇古代小知识，然后以迅雷不及掩耳之势来一个神转折，强行关联他要卖的产品。比如先细细科普一遍历史上雍正有多么喜欢戴眼镜，一共有多少副眼镜，乾隆又是多么讨厌戴眼镜，然后急转直下一句“保护视力人人有责”，开始给办公室小盆栽打广告。

软文从头到尾都没有提这个盆栽多么物美价廉，只提皇帝有哪些眼镜，写过哪些关于眼镜的诗，这就人为地强行剥离了软文的功利性，用神转折后的短短一句话推荐商品，增加的意外感，反而令人觉得软文有趣。以至于后来看故宫周边的软文成为一种猜谜活动：大家猜猜，这次要卖啥呢？

综上是关于“有趣的生活”和“有趣的人”的小小叙述。

“在自己眼中，生活是否有趣？”这个问题来自自我审视的视角，得看每个人对有趣的定义如何。

“在他人眼中，我是否是一个有趣的人”来自他者的视角，意味着“有趣与否”得看他者本身是怎样的人。教会眼中被烧死的布鲁诺满嘴胡言乱语，牛眼中弹琴的人莫名其妙，《生活大爆炸》里的科学家艾米在普通人眼中略显乏味，在同样是技术宅的谢尔顿眼中值得深交。

不论何种视角，我们所说的“有趣”都是一种“相对的有趣”，观察者的视角才是给“有趣”定位的坐标。

有趣和“逗比”的差别

我在微博和知乎上被人问到这个问题不下三次：“王小圈，别人老说我逗比，却从来不说我有趣，这是为什么呢？”

逗比有个“逗”字，这个字往往和“笑”联系在一起，比如“你这人很逗”的意思是：“你这人很容易让人发笑。”“发笑”是一种生理反应，往往在人们看喜剧、小丑，听相声、段子，或看到可爱的小动物时触发。“逗比”激发的是人的感官和情绪；而“有趣”是一种精神享受，激发的是人的思考。

感官和情绪如烟花一样，一瞬间被激发，一瞬间消逝，干脆利落；但精神享受和思考，像樟脑丸，绵延不断持续许久，在你的回忆中留下淡淡的味道。

“有趣”在汉语中的涉意相当广泛，我们也会说“一个有趣的小丑”或“超有趣的猫猫洗澡的视频”，但小猫的“有趣”只是“逗比”的书面语，和“这人蛮有趣”的“有趣”实质上有很大的差别。我们大概也不稀罕被人说成小猫的那种“有趣”。

《红楼梦》对有趣和逗比有过一段精妙的阐释——

宝钗笑道：“世上的话，到了凤丫头嘴里也就尽了。幸而凤丫头不认得字，不大通，不过一概是市俗取笑，更有颦儿这促狭嘴，他用‘春秋’的法子，将市俗的粗话，撮其要，删其繁，再加润色比方出来，一句是一句。”……“所以昨儿那些笑话儿虽然可笑，回想是没味的。你们细想颦儿这几句话虽是淡的，回想却有滋味。”

——《红楼梦 第四十二回》

这一段是薛宝钗评价林黛玉和王熙凤这两个人的差异，虽然我不认同大小姐们对劳动人民的歧视，但她的论证方法值得分析。

王熙凤和林黛玉，差别在于文化素养和品味。有趣是个厚积薄发的东西，以林黛玉十几年读书写诗的功力，化用到一句玩笑话上，那句玩笑便有趣了。逗比则是一个人瞬间反应的取笑，相对缺乏深度，也更缺乏回味的余地。

如果我们把这里的文化素养和品味扩展到一个更广泛的区域——我暂时以“格调”称之——我认为我们每个人的格调不是一个值，而是一个域，这个域有上限和下限：高于上限则无法理解心生敬畏，低于下限则心生厌恶，过高过低都不是“有趣”。那么——

“有趣”是指对方能给予自己精神享受和深入思考，且对方的格调在自己格调的上限附近。

“逗比”是指对方能娱乐自己，且笑点在自己格调的中心线或下限附近。

“幽默”则是笑点的统称，格调相对高的幽默可以归入有趣，格调相对低的幽默可以归入逗比。

所以有趣和逗比，最终差异在于品味的外显。真正的趣味差异，在于思想深度和文化素养，在于丰富深刻的精神世界。我提到了“外显”这个词，这意味着——一个人可以很有品味而不外显，可以极其有趣而选择做一个逗比。

1.3　观察和想象：视角中分裂的对方

我们刚刚提到“有趣”首先是一种意外。意外即相对“意料之内”。“意料之内”即观察者对“被观察对象”的预期，“符合预期”即意料之内。

须注意的是，随着观察者的不同，对被观察者的预期也会不一样，套句话说就是“我又不是人民币，怎么能让所有人都觉得有趣？”

当观察者是大众时，我们才可以把“有趣”当作一个虽然界限含糊但仍有一定标准的概念，就像“美丽”的定义——虽然情人眼里出西施，但还是有大众审美。所以，也有大众“审有趣”的存在。关于“相对有趣”这个命题，我在之后章节还会详述。

回到对象的话题，我们先假设“你”为观察者，来看看“你”对别人是如何进行观察的。

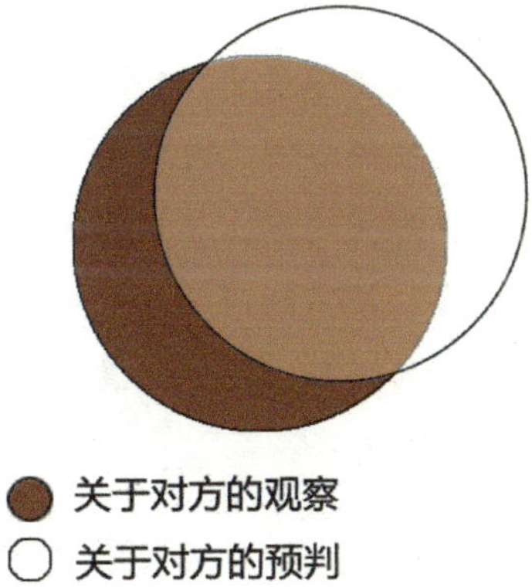

图中深色圈里表示的是你关于对方的“观察”，即你发现他是这样一个人。

图中白圈里表示的是你关于对方的“预判”，即你预期他是这样一个人。

一般情况下，深色圈和白圈会有大量的重叠，这代表你对他的“观察”和“预判”比较一致，但是有一部分偏离。

现象之一：深色圈里的月牙形未重叠面积，代表你对他人做出了预期但观察到他人没有到达预期值的部分，这部分会引发一些愤怒的情绪——比如，你长得很漂亮家里却这么乱！你居然完全不会做饭！你怎么会有这样不着边际的想法！

现象之二：白圈里的月牙形未重叠面积，代表你观察到了但之前没做出预期的部分，假设这部分内容是正向情绪的，就会引发一些惊喜——比如，知道你会弹钢琴，没想到你弹这么好！你果然是大神！

[经典案例]：钱钟书

清华不分班、系，来往都很亲密。4月1号起咖啡室开门。我们下午打过球洗过澡后，就去喝咖啡、酸梅汤、红茶，吃点心。有一次曹禺对我说，钱钟书在那里喝茶，还不叫他给你开英文禁书看？（书库随便看，但书太多，摸不到门）我就叫钱钟书给我开三本。他随手拿起一张写外国字的稿纸，一下写满正反两面，开出四十多本，包括作者姓名、内容特点……

——《吴组缃畅论钱钟书》李洪岩，原载于1992年1月号的《人物》杂志

注：以上文字为李洪岩采访吴组缃后根据录音稿记录而成，流传甚广，后被钱钟书矢口否认，由此可知吴组缃和钱钟书二者其一为真，读者可自由选择。

钱钟书博闻强记清华闻名，但人们对他博闻强记的预判也就是“看过小黄书，能推荐几本”，若有人说钱钟书随手就开了四十几本，书名作者一一注明——显然是资深“老司机”，这就远远超出别人对他的预判了。

现象之三：如果你对他人的“观察”全部符合“预判”，就意味着他人在你心目中彻底失去了“意外”的空间，那他在你眼中，就是个相当无聊的人。

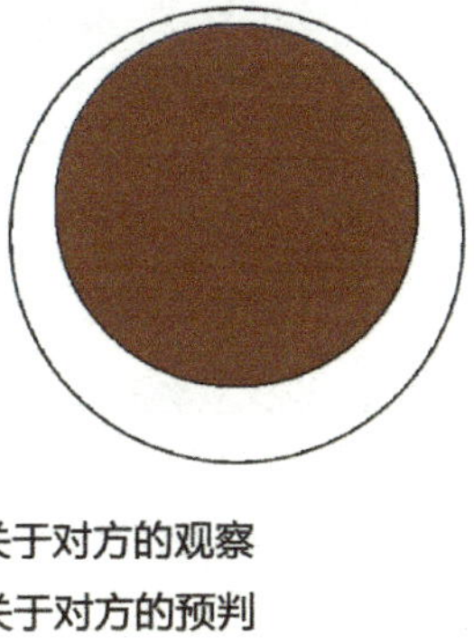

如图所示即为“无聊的人”，我观察的对方全线在我预判之中。

我曾经问过一个游戏开发者，打游戏很好玩是不是？他说是。那打自己设计的游戏好玩吗？他痛苦地摇了摇头。游戏很大程度上模拟了我们的人生，出生升级打怪选服点技能等都可以在人生中找到相对应的坐标。游戏好玩，恰恰是因为在游戏中未来的进程是未知的。

我好奇升级后的世界，所以我努力打怪；我好奇故事线的结局，所以我孜孜不倦接任务。如果你身边出现一个完全符合预判的人，你们日常沟通就好比左手和右手下棋，真的有意思吗？

现象之四：如果你对他人的“观察”大幅度超过“预判”，就意味着对方给予你大量“意外”的空间，如果这些意外是令人愉快的，那他在你眼中，就是个相当有趣的人。

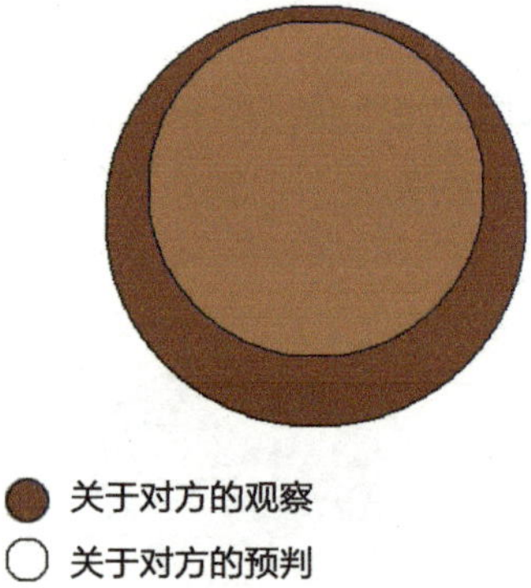

上图为“有趣的人”，即我观察的对方超越于我预判中的对方。

[案例]：沈复&陈芸、钱钟书&杨绛

沈复陈芸的恩爱生活并不代表中国最传统的价值观，只能说符合知识分子的三观。陈芸被沈从文称为“中国文学及中国历史上最可爱的一个女人”，是个极有趣的人。

她和沈复订婚后结婚前，某次沈复饿得不行，她偷偷藏了小菜点心给他吃，被自己堂兄撞见，在当时传为笑谈——这是极不符合闺门教化的例子，让沈复很意外。后来他才知道这只是惊喜的开端，这种惊喜将贯穿她短暂的一生。

她热衷书画，修订残稿，她身体羸弱性子却豪迈，家徒四壁，她拔簪沽酒；她穿男子服装，元宵出游又忘了身份，随手搭在别家女眷肩上，差点被人打一顿；她爱吃酱瓜臭豆腐，还逼着沈复吃，说得头头是道。

陈芸这种种举动，都非寻常女子所为，也非沈复的预期。沈复爱她爱得死去活来。陈芸不被公婆喜欢，两次被逐出门，沈复为了太太不惜忤逆双亲，每次逐出门都是一起跟着一起回来，这种感情，放当时放现在都算笃厚。放一段实力“虐狗”文：

家庭之内，或暗室相逢，窄途邂逅，必握手问曰：“何处去？”私心忒忒，如恐旁人见之者。实则同行并坐，初犹避人，久则不以为意。

——《浮生六记·卷一》沈复

而杨绛眼中的钱钟书也是极有趣的。

我们在牛津时，他午睡，我临帖，可是一个人写字困上来，便睡着了。他醒来见我睡了，就饱蘸浓墨想给我画个花脸，可是他刚落笔我就醒了。他没想到我的脸皮比宣纸还吃墨，洗净墨痕，脸皮像纸一样快洗破了。以后他不再恶作剧，只给我画了一幅肖像，上面再添上眼镜和胡子，聊以过瘾。回国后暑假回上海，大热天女儿熟睡（女儿还是娃娃呢），他在她肚子画一个大花脸，挨他母亲一顿训斥，他不敢再画了。钱最著名的一段莫过于他家猫和隔壁林徽因家的猫儿打架，钱拿着竹竿去给自己猫加油。

——《我们仨》杨绛

不论是孩子气的画花脸，还是提起竹竿帮自己的猫去打架，都是杨绛“预判”之外的。

两个人相识初期，双方对彼此的观察和预判往往会有较大的未知空间。

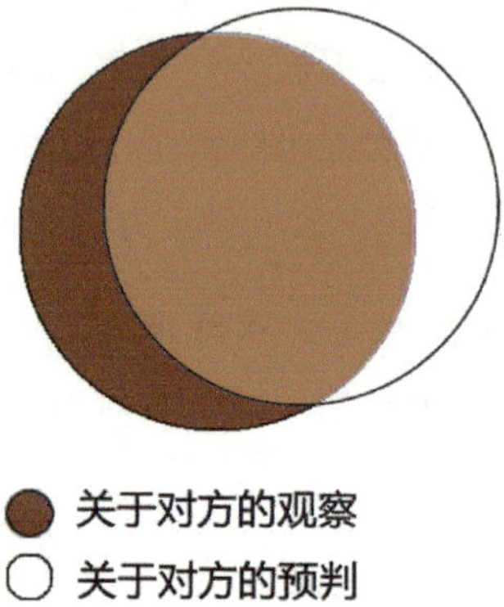

等到熟识之后，双方对彼此的观察和预判的重叠区会增大。

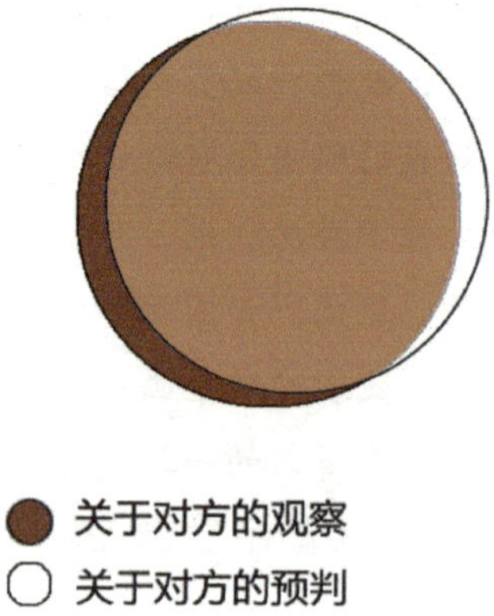

重要的是，这个图是动态的，预判会随着观察的改变而不断改

变。日常中大多数人会这样从相知到熟识。如果需要一个人对你保持兴趣，那你必须保证他对你的“观察”始终在“预判”之外，即上图中左边那个月牙部分，要有足够的绝对面积。

要做到“观察”超出“预判”，只有两个办法：

1. 优化自己的观察。
2. 降低对方的预期。

第 2 章
chapter 2

在柴米油盐中守护诗和远方

1970年，赞比亚修女尤肯达（Mary Jucunda）给美国航空航天局（NASA）Marshall 太空航行中心的科学副总监施图林格（Ernst Stuhlinger）写了一封信，信中问道：目前地球上还有这么多小孩子吃不上饭，他怎么能舍得为远在火星的项目花费数十亿美元？

同理可问——

中国还有那么多小孩子念不起书，我们为什么要发展载人航天？

中国还有那么人饭都吃不饱，我们为什么要拨款给交响乐团？

中国还有那么多人得不到足够的医疗，我们为什么要在贵州省平塘县搞个500米口径的望远镜看星星？

以上都是同一个命题：如果还没有照顾好当下，我们为什么要追求远方？

什么叫当下？什么叫远方？我认为当下和远方并非割裂，而是连续的弦上的两个端点。

“我今天晚上吃什么”，这是当下。

“我明天晚上吃什么”，这就比当下稍微远了一点。

“非洲儿童今天吃不饱，我们要援助”，这是当下。

“非洲儿童明天吃不饱，我们要援助”，这是远一点的当下。

“人类未来可能吃不饱，我们要开发太空殖民地”，这是更远一点的当下。

那么远方到底在哪里？

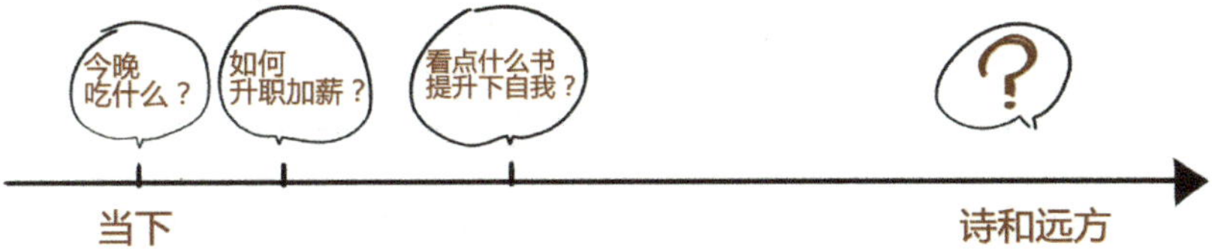

当我们说起“远方”的时候，总说“诗和远方”。“诗”是什么？是无实际功用的东西，诗歌可以用来低吟浅唱用来感慨长歌，但不能用来填饱肚子。

“远方”是肚子已经填饱的时候，精神家园的寄托。

“宇宙最终基于什么规律在运行？如何将宏观和微观规律统一？”这属于远方。

“人类最终将归往何处？”这属于远方。

施图格林诚恳地回答了这位修女，在回信中他表示：

1. 在太空探索的过程中，大量技术被发明，大量原理被发现，这些技术和原理被广泛应用于民生相关产业，大大解放了生产力，能让更多小孩子吃上饭。
2. 太空探索让人类意识到自身的渺小和地球的珍贵，使人类珍惜地球，让地球更加美好。

由于那位修女的语境始终在“当下”范围内，所以他回复的也只是“当下”的功利部分。

实际上火星探测还具有相当非功利的部分——因为我们向往远方。

当爱因斯坦思考物理大一统公式时，当“先驱者10号”搭载着刻满人类信息的光盘飞向宇宙深处时，当音韵学家研究唐朝某个汉字怎么发音时，当哲学家思考人生时，他们的心态是一样的——他们都追求心中的梦想，他们都在不计功利地探索未知的领域。

因为好奇，所以探索，因为探索，所以发现，因为新的发现，导致世界更美好。他们未必带着解放生产力的任务，他们的本意只是想知道更多。

“诗和远方”这种非功利的情怀很大程度上构成了我们对“有趣”生活的认知——尽管我很遗憾“情怀”这个词现在已经因为泛滥成灾而有了讽刺意味，请您一定相信我在此使用的是“情怀”最初最美好的意思。

或许人很难摆脱琐碎烦扰的生活，去追求高高在上的纯净信念，我也并不期冀有人这么做。但活在一地鸡毛的“当下”，徘徊于朝九晚五的打卡机，如果能让“诗和远方”融入其中，大概能摆脱几分无聊与乏味。

我们不妨先来聊聊当下的“有趣”。

2.1　披萨，到底是不是大饼

这个问题曾引发过旷日持久的讨论：“披萨不就是大饼吗？寿司不就是米饭加菜吗？”我还可以说“布丁不就是牛奶炖蛋吗？”“手办不就是洋娃娃吗？”，诸如此类不一而足。这个问题说者不屑，听者心烦，这不仅仅是“你不懂”“你矫情”的问题，而是“我们以何种方式观察世界”的问题。

苏：在凡是我们能用同一名称称呼多数事物的场合，我认为我们总是假定它们只有一个形式或理念。你明白吗?

格：我明白。

苏：那么现在让我们随便举出某一类的许多东西，例如说有许多的床或桌子。

格：当然可以。

苏：但是概括这许多家具的理念我看只有两个：一个是床的理念，一个是桌子的理念。

格：是的。

——《理想国 四十卷》柏拉图

当我们说床的时候，我们知道“床”大概的外观是什么、功用是什么，但并不确定具体的形象。床可以是长的、短的、宽的、窄的、方的、圆的、美的、丑的，不管这些性质如何变化，我们都能判断出“这是床”。

柏拉图认为木匠制造“床”时，脑中就有一张“床”，制造床的过程就是“模仿”这张床的过程，无论木匠的制造技术有多高超，他都无法完美复制出那张床，最多只能“接近”。他把木匠脑中那张床的范本称为“理式”。

我不一定认同这种观念，但我很想借用一下“理式”这个概念。

世界上的东西千千万万，人的大脑在认知这些东西的同时，会把它们整理、归纳，方便记忆和判断。

我知道大饼的“理式”：圆圆的，面粉做的，烤制的，有馅儿或者没馅儿的。

如果是方的，那我可能会犹疑这算不算大饼；如果不是面粉做的，我会确认那不是大饼，那是玉米饼、高粱饼、豆饼，等等；如果不是烤制的，我会称之为煎饼、蒸饼。

当我第一次遇到披萨的时候，我有两种选择：

1. 把披萨归类为“大饼”的理式，馅儿在上面的大饼。
2. 新建一个叫“披萨”的理式：面粉做的，烤制的，上面会配芝士或菜。

人之初，性本懒。添加新的理式相当于在硬盘上新建文件夹。

让我们来做个假设。假设刘奶奶是个勤俭节约很少外食的人，她预测自己将来遇到披萨的机会不多，觉得没必要新开文件夹了，就说：“披萨不就是大饼吗？”然后把对披萨的认知归类到大饼的理式中。

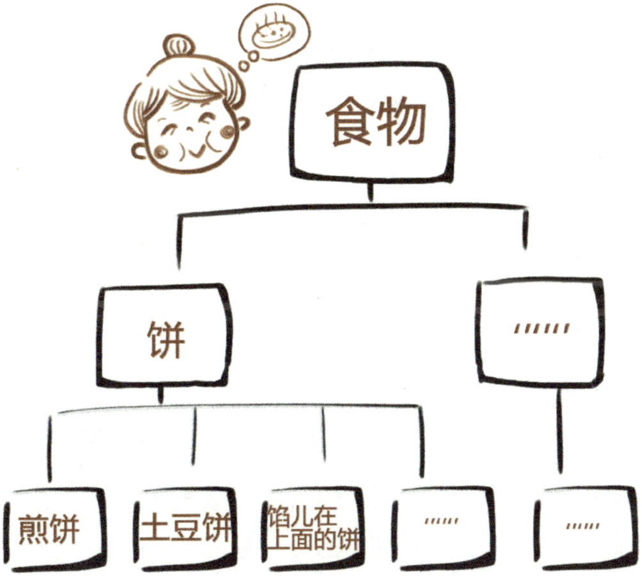

假设刘小小是个刚到大城市的青少年，他觉得自己的人生还没真正开始呢，将来肯定还会遇到披萨，就说："原来这叫披萨，我知道啦！"后来他果然遇到了很多披萨，薄边的、厚边的、芝心的、铁盘的、方的、圆的、搁龙虾的、搁香菜的。

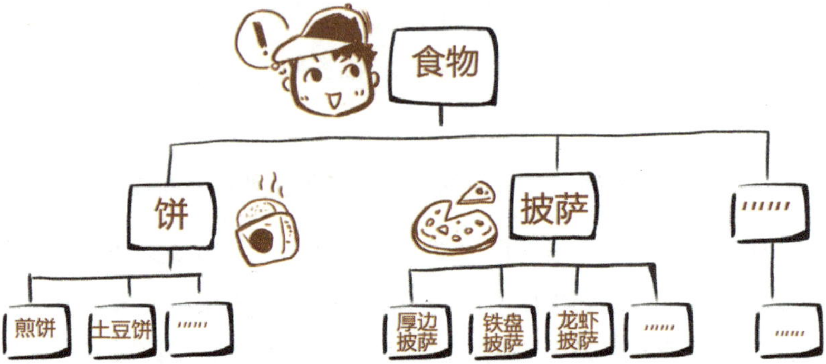

我们再假设刘奶奶大病一场后性情大变，病愈后老当益壮开始放飞自我，走遍千山万水到处旅行——

第二次遇到披萨，她说："哦？那不是薄边方盘的大饼搁了点芝士和火腿嘛！"

第三次遇到披萨，她说："哦？那不是厚底的火焙大饼上面搁了龙虾肉嘛！"

第四次遇到披萨，她说："哦？那不是薄底大饼涂了层番茄肉末嘛？"

第五次遇到披萨，她说："累死我了，这是披萨。"

她的"大饼"文件夹里类型太多，管理起来太麻烦了，为了省力，她新建了一个叫"披萨"的文件夹。

假设刘小小到了大城市后觉得不适应，选择回到乡村种地，承包了一百亩田和一个山头的果园，每日田间地头忙碌。五年内他的生活中再也没有遇到披萨，渐渐忘记了披萨是什么，连“披萨”两个字也从记忆中褪色了。你让他回忆起五年前那个吃了披萨的夜晚，他一拍脑袋：“那大饼味道不错，叫什么来着？”

他的“披萨”文件夹常年不使用，被大脑删除了，为了不损失信息，大脑把披萨归类到“大饼”文件夹下。

你问我披萨到底是不是大饼，我说这因人而异。说“披萨是大饼”既没有侮辱大饼也没有瞧不起披萨，更没有损了格调丢了情怀，这主要看个人对信息处理的需求。

一个披萨爱好者如果把所有披萨都归类到“饼”之下，和新疆的馕、土耳其的pita、山东杂粮饼、杭州葱包烩、天津煎饼果子放在一个文件夹里，每次要从文件夹里提取一个特定的信息就要先把这些全部扫一遍，非常麻烦，他最好建一个“披萨”的概念可以把各种披萨都扔进去。

再比如，作为一个绍兴酒爱好者，我脑袋里不仅有个“黄酒”文件夹，下面还有“料酒”和“饮用酒”文件夹，“饮用酒”文件夹下还有“绍兴酒”和“非绍兴酒”文件夹，“绍兴酒”文件夹下还有“元红”“加饭”“善酿”“香雪”四个文件夹，其中“加饭”是最主流的品种，“加饭”文件夹下，我还有“花雕”“女儿红”“状元红”“太雕”文件夹，这一层每一个文件夹下面还有“三年陈”“五年陈”“八年陈”“十二年以上陈”文件夹（三年陈以下的归类在料酒文件夹），之下还有各品牌的文件夹。

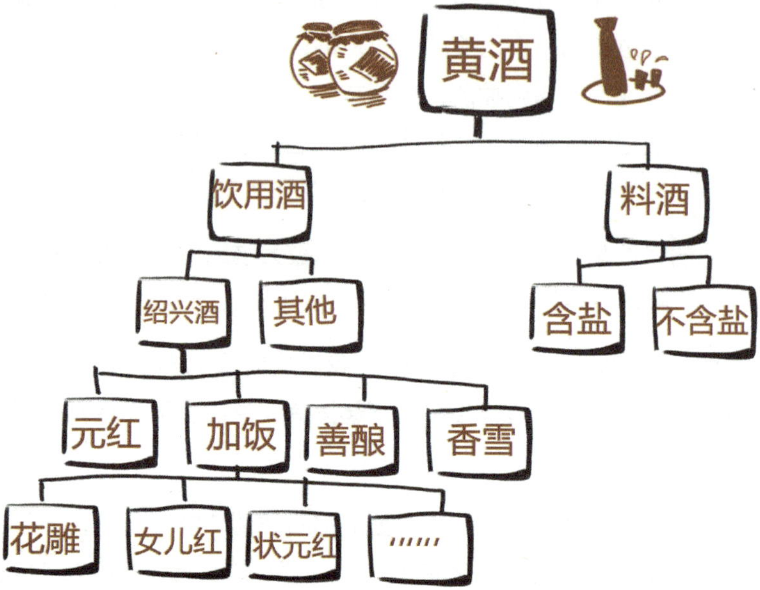

文件夹的层次深度往往与社会文化背景密切相关——

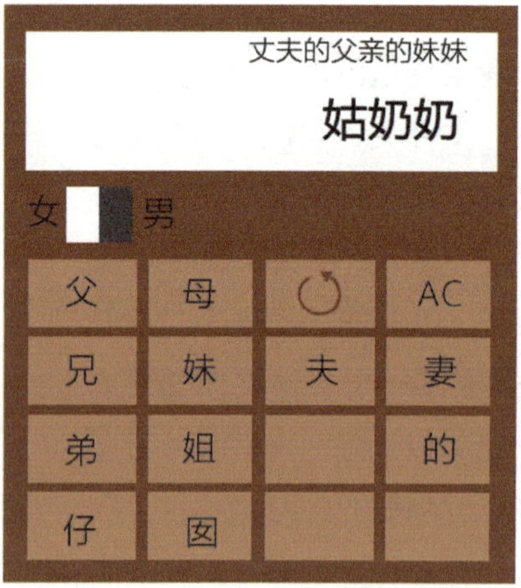

• 可以因为生活方式的不同而不同

某些非洲部落针对不同的树叶以及树叶的不同状态，定义了种类繁多的名字；常年处于天寒地冻的爱斯基摩人则对几十种不同状态的冰雪有各种命名；宗族社会下的中国人则对亲属关系非常敏感，对亲属关系有非常细致的区分。

- 可以因为感官尺度的不同而不同

比如常用口红的人对唇膏色号非常敏感。我见过一对情侣对话如下：

男生：“这种粉红的唇膏很适合你。”

女生（白了一眼）：“这是樱桃色！”

- 可以因为文化背景的不同而不同

英国首相特里莎·梅在2017年春节时向中国人发布拜年视频，视频里她把鸡年称为“rooster年”（公鸡年）当然是没问题的，但如果鸡有平权主义运动的话，母鸡应该会很不高兴，但你若称为“hen年”（母鸡年），公鸡大概也会愤愤不平。若说chiken年，虽然chicken的确可以作为“鸡”的总称，但终不免联想到肢解过的白斩鸡、鸡胸肉、鸡腿……总之不够吉利。

中国人说羊，英语中的羊却要分sheep，goat还是ram，以至于引发大讨论：中国人十二生肖的羊到底怎么翻译？好在老祖宗远见卓识，中文是象形字，把羊的甲骨文拉出来遛遛就知道是sheep还是

goat了。如下图，答案是sheep，绵羊。

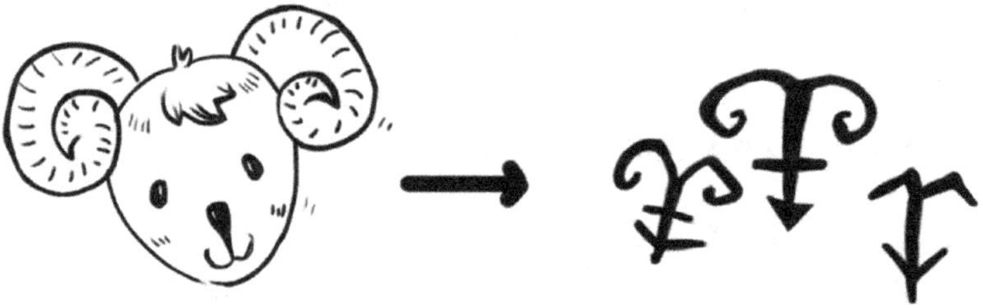

- 可以因为受教育水平的不同而不同

某日我看到一人说起自己年少往事，说曾意欲强奸一女同学，如何实施如何锁门如何防止被害人呼救都想好了万全之策，实施前下楼拿一卷纸巾方便清理现场，结果被冷风一吹，瞬间清醒。我说这人犯罪未遂啊，一人站出来教育我说："这是犯罪中止。"这是我缺乏法律常识闹的笑话，原本这块我脑中的文件夹只有两个："犯罪已遂"和"犯罪未遂"，"犯罪中止"被我放在"犯罪未遂"的文件夹里混为一谈。

这些文件夹就相当于柏拉图的"理式"。文件怎么归类，某个文件夹你有没有建，这根据个人习惯来，建不建随你高兴。但一个人的文件夹的分类是否合理，层级是否明晰，密切关系到一个人的信息使用效率。

我们观看电脑屏幕时，假设画质无限清晰，那我们能看到的清晰度取决于屏幕上的像素点有多少，你不可能看到比屏幕更多的像素。

而我们观察这个世界时，能看得多清楚则取决于你的理式文件夹有多少，你不可能思考到比理式更小的单位。

一个理式中只有“黑”和“白”的人，想不到灰色地带。一个理式中只有“是”和“非”的人，想不到大道中庸。一个有趣的人，眼中的世界绚丽多彩，而一个二元视角的人就如活在黑白照片里。

有趣的人有足够的“理式”，即使很多是日常中无用的。

有很多有趣的东西毫无用处，人就是喜欢这种不计成本的无功利性，所谓的无用之用。

比如微博上火得一塌糊涂的 @博物杂志，人们兴致勃勃地跟着博主辨认夹竹桃天蛾、戴胜、白额吊脚蛛，用各种鬼畜画风回忆童年见过的小虫子请求告知名称——这源于深藏在人类心底的好奇心和求知欲：我们想知道这是什么。我们觉得“知道很多动植物名字的人很有趣”，从而认为账号主人“博物君”是个很有趣的人。

如果孔乙己风流倜傥，要多金有黑卡，要身材有腹肌，那“回字有四个写法”能算是一个吸粉的属性，你想毕竟《咬文嚼字》杂志活了这么多年，足以说明有大批较真的文字爱好者以之为乐。

这个世界的知识是无穷尽的，对理式的归纳和认知也是无穷尽的。如上图，一个人脑中的理式文件夹越多，他心中的世界的分辨率就越高，看到的东西也越丰富，对知识的梳理也越清晰。这将直接促成一个人形成层级清晰的知识结构、快速读取的缓存能力、精准到位的表达水平。

人在不同领域会有不同数量级的理式积累，越是擅长的领域，积累的理式越多。一个人脑中的理式积累越多，眼中的世界便越分明。

2.2 审美，到底审的是什么

美学（Aesthetics），源自希腊词根，原意为“察觉，感觉”。美源于人的观察，甚至可以说“美源于审美”。宇宙浩渺灿烂星空，天地壮阔四季流转，若无一双审美者的眼睛，那仅仅是一种“存在”而已。同样，环肥燕瘦朱颜白发，若无一双审美的眼睛，也仅仅是一种“存在”。

关于什么是“美的本质”几千年来争论不休，但对于小一点的话题，譬如“什么是美人”，在一定时空范围内似乎都有比较统一的答案。

手如柔荑，肤如凝脂，领如蝤蛴，齿如瓠犀，螓首蛾眉，巧笑倩兮，美目盼兮。

硕人敖敖，说于农郊。四牡有骄，朱幩镳镳，翟茀以朝。大夫夙退，无使君劳。

——《诗经·卫风·硕人》

这是两千多年前的齐国人对他们的大美人庄姜的竭力讴歌。诗篇名称是“硕人”，即高大健壮之人。当代我们已经很少用“硕”来形容一位女性了，除非是形容胸部。

女性美的审美标准里：

先秦时的中国，人们讴歌丰满高大为美，因为高大壮实代表热量充足，意味着生活优渥，兼具“屁股大好生养”的朴素功利心。

两宋时的中国，人们以纤瘦为美，发育不良的乳房，弱不禁风的体格，代表这人不事劳作——还是意味着生活优渥。

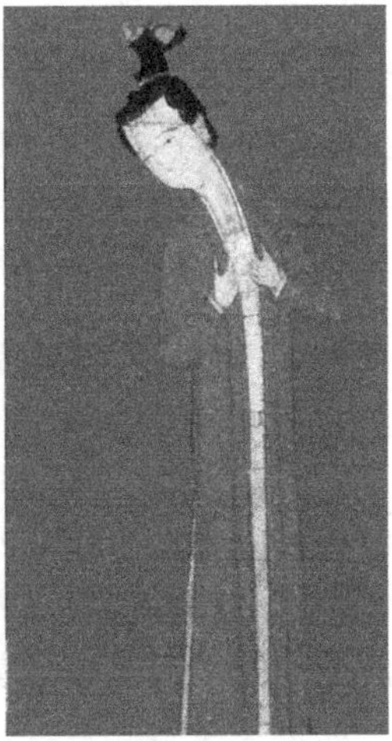

人类历史上的大多数时候，不论东西方，都是以皮肤白皙为美，这代表人无须田间劳作农场放牧，能保养妥当——还是想说“我生活优渥”。到了当代，欧美纷纷进入工业化社会，发达国家的农业人口迅速下降，普通劳动者大多是整天在空调房的白领蓝领，这导致他们的皮肤和富人阶层一样白了，富人阶层顿时失去了苍白皮肤的优越感，于是他们引导出深肤色的审美，他们说，晒成

棕色（tan）才是美的，这代表有钱去日照充裕的地方度假——最终还是意味着“我生活优渥”。

或许有人会认为棕色皮肤意味着户外活动和健康，代表健康的生活方式而不是有钱的生活方式——很遗憾，白人在日晒后皮肤受伤的几率大于黄种人和黑人，日晒是皮肤癌的重要诱因，每年有大量白人被确诊为皮肤癌，澳大利亚甚至成为全球第一大皮肤癌高发国。想健康的话，比较安全的方式是避免阳光直射并做好防晒措施，或者像越南北部妇女那样在太阳下把自己裹成粽子。

为了把自己展示成深肤色，欧美白人开发了多种“助晒霜”、深色粉底，以及专门提供晒黑服务的美容工作室，以显示“美”。

此外还有各种花式审美。

在蔗糖匮乏的古代欧洲，某些年代里蛀牙可以被认为是美的。

在物质充裕的当代，纸片人被认为是美的，以至于法国和西班牙政府不得不出台法律禁止过瘦的模特走台。

康熙帝规定满族女子必须打满6个耳洞，所谓“一耳三钳”。伊丽莎白女王热衷束腰。根据世界吉尼斯纪录，Ethel Granger是他们记载的腰最细的女子，腰围13英寸。13英寸是个什么概念呢？大概是33厘米，作者本人是标准体重标准颈围的女性，脖子周长31厘米。

18世纪中叶，肺结核备受欧洲人的欢迎，文艺青年们热切希望感染上这种纤细优雅感性的病。

这些所有奇奇怪怪的审美，最终都可以归结到“秀优越感”上。

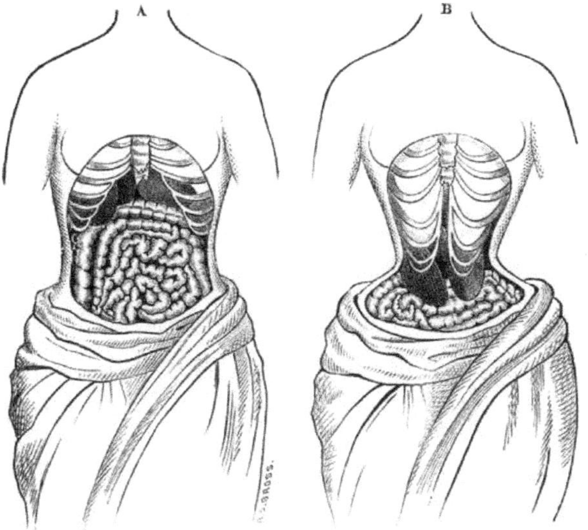

总之，审美是以别样的方式炫富。审美不是钱堆起来的，而是钱堆起来后发酵出来的。长时间地有钱才能有审美。单纯地炫富只能炫耀“我很有钱”，而炫审美品位，想炫耀的是“我有钱了很久”，“我不仅比穷人优越，还比暴发户优越。我最优越。”上流阶层利用民众对上流的仰慕，垄断了美的标准。

“审美”成为有钱人中“先进者”对“后来者”设立的门槛，成为富N代对富一代的嘲笑工具。

随着生产力的发展，曾经独属于上流阶层的苍白肤色、丰腴身材乃至一口烂牙，让普罗大众也能轻易效仿。为了和大众差别化，上流阶层便会发展出一套新的审美标准，让大众够不到。上流阶层可以界定什么是美，大众只能跟随——此为审美的话语权。

例如，当下大众主流审美观中的性感女性身材，大概是维密天使一类的内衣模特，和六七十年前主流最爱的玛丽莲·梦露比起来，前者更瘦，肌肉也更明显——因为这些年来，美国的粮食价格相对民众收入大大下降了，肥胖的穷人越来越多，保持纤细身材和肌肉线条变成一件很困难的事情。

如果你有钱，可以请个知识丰富的私人营养师给你搭配健康食物，再约个帅气美貌的健身教练，每天催你去健身，在你坚持不下去的时候给你加油，夸你今天进步很大，充满期待地说“再坚持10秒，你真是太棒了！”这样运动虽然肉体很辛苦，精神上却很轻松，因为你不需要和脆弱的自制力做艰苦卓绝的斗争。你花在健身教练身上的钱，很大一部分是用来支付自制力的，而不是用来支付健身知识。

而穷人大概会有比较长的工作时间，上班很辛苦耗尽了注意力，下班只想躺着吃美味的高热量食物慰劳艰难的一天。更可怕的是，如果没有超级强劲的自制力健身，就不得不用节食这种低效的办法。节食时人会满脑子都是食物，与食物对抗占用大量大脑内存，会严重影响工作学习效率和生活质量。就算真减下来，也是暗淡的皮肤、松垮垮软塌塌的身材。

前凸后翘、皮肤紧致、肌肉线条明显——这是食物价格低廉、运动成本巨大（包含经济成本及意志力成本）的大环境下，被人为设置的优越感新门槛。

也许你会说“人们只是想要健康的身材而已，胖不健康”。“胖不健康”这句话没问题，问题是“什么是胖”。国际通用的胖子定义是“身高体重指数（Body Mass Index，简称BMI）”。它的定义为：

$$BMI=体重（kg）/身高（m）^2$$

比如身高170cm，体重56千克，那他的BMI=56/1.7^2=19.38

根据中国卫生部疾病控制司编写的《中国成人超重和肥胖症预防控制指南》认定：

- BMI < 18.5 为体重过低
- 18.5 ≤ BMI ≤ 23.9 为体重正常
- 24 ≤ BMI ≤ 27.9 为超重
- BMI > 28 为肥胖

维密天使的BMI大多在15到17之间。虽然她们在时尚圈有着极致的美丽，但在医学上，都是“体重过低”。

如果健康就是美，那么，最美的身材一定要裹着一层不薄的皮下脂肪：肥肉上的皮肤细腻光滑手感柔软，微凸的小腹守护内脏的温度。万一摔倒，无处不在的肉肉360°提供减震功能，万一出现意外，肉肉们作为储备能源提供紧急庇护——这就是人类赖以生存的脂肪的伟大意义，无论你觉得它们美不美，它们默默守护人类千万年。如今，人类中的一小撮人从饥饿威胁中逃脱了没几年，就开始厌恶身上曾经赖以保命的脂肪，真是忘恩负义。

少数几个造浪者站在时代巅峰以上帝视角审视着下方的芸芸众生，不断塑造新的门槛。今天说喇叭裤时尚，明天说背带裤时尚，后天说铅笔裤时尚，大后天又是喇叭裤时尚了；今天露腰在臀上，明天露腰在胃上，后天又要露股沟了。中国人说“一白遮三丑”，西洋人非要晒黑，中国人卖祛斑霜，欧洲人卖雀斑贴纸。如果你始终跟着潮流走，永远会被潮流甩在后头。

审美的话语权不仅仅在于他们建立人体美的审美标准，也在于他们能建立文化艺术的审美标准。法国人类学家布迪厄（Pierre Bourdieu）在他的著作《区隔：品味判断的社会批判》中提出：一个人的审美意向描绘了这个人的地位，并让他与更低层的群体产生距离。一个人的社会出身比经济资本更能影响其审美偏好。拥有文化霸权的人用“审美”区隔不同阶级——换言之，年幼时所处的阶级限制一个人的审美。

时代滚滚而去，阶级起起落落，审美标准也就复杂多变。

但审美的标准虽千变万化，亦有“不变”的永恒：“必要功能不可缺失”是一向的审美标准。

清代有女子裹脚裹到不能行动需人“抱着”进出为美谈，人称“抱小姐”，是因为以该女子的身份，“自由行动”不是“必要功能”，而是上流社会设置的超高门槛：我家的姑娘无须劳作、无须走动、有人服侍。西方断不可能以女子无法行走为美，因为西方贵妇人的双腿有必要功能——社交舞会跳舞。

美国近代对女子的审美曾相当古典，要求优雅妩媚。二战时，男性前线战斗，女性后方劳动。扎着头巾展示肱二头肌的女性，代替了原本金发碧眼花裙子的女性，成为美的标准。因为在战时，女性的劳动力成为“必要功能”，不可缺失。

从古至今，文章未有以虚词浮夸为美，未有以言不达意为美，“言为心声”是一向的审美标准，因为文章的功能即是“抒情达意”。所有的矫揉造作虚情假意都不为美。林黛玉说“词句究竟是末事，第一主意要紧。若意趣真了，连词句不用修饰，自是好的。这叫做‘不以词害意’”，正是此理。

要站在审美标准的最前线上，有两个办法。

1. 服从大众审美，做“变化的美”的跟随者

在电影《穿普拉达的女王》中，米兰达教育女主安迪道：

“比如你挑了那件蓝色的条纹毛衣，你以为你自己是按你的意思认真地选出这件衣服。但是，首先你不明白那件衣服不是蓝色的也不是青绿色或琉璃色，实际上它是天蓝色的，而你从没搞清这个事实；而实际上你也不知道，从2002年Oscar de la Rent 的发布会第一次出现了天蓝色礼服，然后我记得，伊夫·圣·朗洛也随之展示了天蓝色的军服系列，很快，天蓝色就出现在随后的8个设计师的发布会里，接着，它就风行于全世界各大高级卖场，最后大面积地流行到街头，然后就看到你在廉价的卖场里买了它。事实上，这种天蓝色，产生了上百万美元的利润和数不尽的工作机会，还有为之付出的难以计算的心血……你觉得你穿的这件衣服是你自己选择的，以为你的选择是在时尚产业之外，但实际上不是这样的，你穿的衣服实际上就是这间屋子里的人，替你选的，就是从这一堆玩意儿里。”

大多数人的确就是这么买衣服的，除非你能买高级定制当日常穿，一套换一套不眨眼。如果一个普通女生要穿得比较时尚，该怎么办呢？——直接去看每年大牌的时装发布会，去分辨其中异同，去感受新一季时装的走向。几个月后，这些发布会中千奇百怪到让人无法直视的服装元素会出现在二线、三线品牌的衣服上，再久一点，它们会出现在淘宝100块包邮的衣服上，出现在街头巷尾，出现在人们口中：“今年这个很流行。”想时髦一点，直接看大牌发布会，跟着发布会的元素去选择你要的衣服，就能从源头掌握新一季的时尚。

至于服装，全岛几百年来是同一式样，只是男女有别，已婚未婚有别。这种衣服令人看了感到愉快，方便行动，而且寒暑咸宜。哦，每户都是做自己的衣服呢！

——《乌托邦》托马斯·摩尔

乌托邦这种服装也就存在于乌托邦之中罢了。有趣是一种意外，人需要在不停的意外中获得新鲜感，所以大众审美必须变化，做足花样。我们的消费者需要不同的感官刺激，我们的销售者需要制造需求，大家一拍即合，就有了今日没完没了的时尚发布会。

2. 创造先锋审美，做“不变的美”的创造者

这需要一种“敢为天下先”的创意。莫奈开创印象派，开一派新气象；Coco Chanel男装女用，现在看起来普普通通的女式风衣，在当时可是惊世骇俗。普通人若非功底深厚不容易做到且“新”且“美”，只能做到且“丑”且“怪”。

“敢为天下先”还需要一股不惧人言的“豪气”，而“豪气”往往和“壕气”密切相关。20世纪90年代大陆人觉得港台腔很好听很“洋气”，大姑娘小媳妇一溜儿的“哇塞！”，大陆歌手一溜儿的港台腔平舌音翘舌音不分，现在呢?

和上流社会能制定审美标准一样，富裕地区也能制定审美标准。文化自信和经济优势有密切关系，总之你必须“阔过”且“足够阔”“阔得足够久”，才能自信。

2.3 “城会玩”，玩的是什么

如前文所说，“我很美”这个观念本质上表达的是“我很优越”，以及“我是上等人”，那“我会玩”这种观念表达的则是“我是一个会愉悦自己的人”。如果这是“意外”的玩法，那就符合我对“有趣”的理解了。

2016年5月31日，教育部、国家语委在京发布《中国语言生活状况报告（2016）》。“你们城里人真会玩”入选2015年度十大网络用语。如果把句子拆开来分析下，每个词都有点意思。“你们”

做主语表示一种“旁观者”的视角，一种围观的心态。“城里人”未必真的指城里人，只是用来泛指对方，在中国的城乡二元结构中相当于置自身于“我们乡下人”，主动形成与对方的对立，整句话就有了一种戏谑的自嘲。

“城会玩”走红的背后，是人们对规律的日常生活的背叛，以及对新鲜娱乐方式的追求。如何实现“会玩”呢?

第一步，把日常生活解构。

第二步，把解构后的生活重新拼接、组装。

[举例1]“严肃”拼接“活泼”

即用严肃的艺术形式表现活泼的内容，形式上的高大上拼接内容上的接地气，江湖人称“一本正经地胡说八道”。

上海，某特别高大上的音乐厅内，彩虹室内合唱团正在进行着特别正经的男女分声部合唱，唯一“不正经”的地方是歌唱者们每人戴个猫耳，指挥者一手戴了个猫爪手套。他们开口也是特别正经的学院唱法，直到你听懂完整的歌词——

我热爱工作 我真的好喜欢

工作让我进步 学习让我快乐

谁需要睡觉 多么浪费时间啊

谁需要吃饭 PPT是维他命

怎么样老板 这下你满意了吧

哈哈哈哈 哈哈哈哈

辞职以后拉黑他

感觉身体被掏空 我累得像只狗

不要加班 不要加班 不要加班

……

——《我累得像只狗》金承志 词曲

这首歌一发布到网上就被疯狂传播，短短几天，累计转发上百万次，视频点击三千万次。特别接地气的歌词白描了上海白领的日常生活，把那群自称“加班狗”的人描绘得栩栩如生：日复一日的忙碌、生无可恋的疲惫、对旅行的向往、对现实的无奈。这种贴身的情绪在一个“做严肃音乐的音乐团”的演绎下，显示出一种优美却又新奇的现场效果，让人印象深刻。

合唱团团长金承志在某次接受采访中表示：“社会人都有压力，不能老是拿严肃作品去对待别人”，他的歌并不需要听众听完后就立马辞职放飞人生，能让观众“发泄压力”“宣泄情绪”就很好。

同样用严肃的形式表现接地气的内容还有一个美食博主发布的“泡面的高大上吃法”。其中博主以泡面为原料，使用全套西式餐具，配菜单、刀叉、装饰菜、红酒，把袋装泡面吃得非常隆重。对于第一个想出来这种吃法的，我必须抱拳赞叹一声：“会玩！”

[举例2]“幻想”拼接“现实”

用幻想拼接现实，“开脑洞”就是其中一种表现方式。

“脑洞大开”由“脑补”衍生而来。“脑补”源自日本动漫，本指观剧者在大脑里通过自己的想象来补充或添加原剧中没有的情节或内容。后来词义扩大，对小说及其他艺术作品甚至现实生活中的情节、情景进行幻想、想象，也称“脑补”。

公众人物中，开微博后没有暴露智商反而让人倍加叹服的人不算多见，作家马伯庸（微博账号 @马伯庸）是其中之一。与其说他常年开脑洞，不如说他就是活在脑洞里，偶尔来我们的现实生活中视察一下。微博上的马伯庸最常做的事就是为日常的生活碎片插上幻想的翅膀，一日千里奔腾而去不见首尾。

某日他去拔牙，配文字：“要去拔个牙，请诸君为我击筑送别”。配图是荆轲刺秦出发前，高渐离击筑送别的场景。“风萧萧兮易水寒，壮士一去兮不复还”如此悲壮萧瑟的场景应用到今时今日的现代人去见牙医的送行上，令人会心一笑，用典用得了无痕迹入口即化。

马伯庸曾教人如何应对初为人父的心理建设，以幻想场景切入现实：

“比如走着走着路忽然摔了一下，若无其事地自言自语：‘啊，新换的这具身体还真是不太习惯呢。’”他自己的确也是这么做的，他说他在产房见到妻子一脸疲惫，就对第一次看到的儿子说：“为你这孺子，几损我一位大将！”

[举例3]“较真儿”拼接“消遣”

这和[举例1]刚好相反，是用形式上的“接地气”表现“内容上的高大上”。

折纸飞机是个消遣，但有人玩出了大花样。

2014年，美国旧金山的一名大学生Luca Iaconi Stewart花了5年的时间，用卡纸和胶水打造一架1：60尺寸的波音777-300ER模型。其精致细腻的程度几乎跟真的飞机一模一样，几乎你在飞机上所能看到的部分都打造了出来，包括机身、机翼、辅翼、引擎、机舱门，甚至连洗手间的把手都有。飞机的机舱门能开合，起落架能伸展收折，飞机涡轮跟实体飞机的涡轮也极为相似，层层套叠连涡轮的扇叶都能开合。

还有人用牙签搭伦敦桥，用瓜子在地上拼蒙娜丽莎的微笑，拼到一定境界，都算得上“会玩”。更夸张的是一个澳洲男子，在昆士兰最北端的森林里徒手模拟原始人的生活，他在视频网站Youtube上以Primitive Technology为标题上传了他的系列视频。在所有视频中，他没有使用任何现代工具开始基建。他先找合适的石头和木头制造工具，然后砍伐树木、钻木取火，再使用泥巴、水、树皮等天然原料开始建造房屋、烧制陶器和瓦片、种植番薯、编织地毯。视频还在持续更新中，最近的一期他开始用树皮和木头制造鼓风机，开始烧炭并冶炼铁矿进化到铁器时代——简直是一部原始人进化史。仿古可以仿到这么古并且拟得这么逼真的，前所未闻。这位小哥现在已经成为一个Youtube 的非主流网红，他还在鼓励人们尝试这种生活。

某公司，在欧洲杯期间组织看球，请家政人员专门剥麻辣小龙虾。剥小龙虾只是吃小龙虾时顺便的事，一本正经拎出来请人做，不见得多高明，但一般人不容易想到。

以上都是些典型的“城会玩”例子。人们在这些例子里切割、解构了原本千人一面司空见惯的生活方式，将其以意外的方式再度组装起来，形成新的、别致的生活方式。这些“会玩”很大程度上玩得新鲜，玩得前无古人，才能带来突破感。如果之前已经有人玩过，那么“新鲜”的意义就被消解了，第二个玩的人很可能不会受到诚意夸赞，只能自娱自乐了。

此外“城会玩”还有另一种解释，就是具备非常人所具备的财力或是能力，来组织新的生活方式。比如富豪送伴侣一万朵玫瑰，会玩；2016年7月31日美国极限运动员Luke Aikins从7600米不带降落伞高空跳下，靠地面一张网接着安全着陆，会玩；澳大利亚女子玩口袋宝贝手机游戏，划皮划艇抢占水中道馆，会玩……对我来说，可操作性太弱了，看看就好。

不论是哪一种方式，对“会玩”的欣赏，体现了我们对挣脱常规生活方式的渴望。我们通过对生活的解构和重组，以期待生活变得更有趣一点。

第 3 章

chapter 3

兴趣是天生的，无聊是被逼的

几乎每一个健康的新生婴儿对这个世界都充满好奇，这应该不只是人类的特质。小猫小狗小鹦鹉，也是什么都要闻一闻什么都要碰一碰。

我小时候觉得这个世界是很有趣的。天空会变色，春有百花秋有月，夏有凉风冬有雪，满大街放眼望去好多人好多字：“那些人在干什么？他们从哪里来要到哪里去？那些字是什么？要是我能明白整条街的广告牌写的是什么就好了。”

我觉得文字的世界神秘而深不可测，那是一个孩童通往成人世界的信息入口。我不厌其烦地问妈妈，这是什么字那是什么字，那些招牌成了我最初的语文老师。有一天我问：“市土是什么意思？”我妈一脸茫然。我指着牌子说：“就是那个，市土。”我妈一看乐了：“xx市土特产公司。”从此我知道光认字是不够的，还要学会断句。我记得那么清楚是因为这事被她笑话了好多年。

现在我终于能认清几乎所有招牌上的汉字，却对满大街的广告牌熟视无睹。它们是商业气息浓郁的叫卖，甚至是视觉污染的来源。偶尔，我还会想起几十年前那个阳光明媚的下午，那个充满好奇心兴致勃勃喊着“市土”的小孩。成人世界如那两个陌生的文字渐渐退去神秘的光环，一眼就能断句，一眼就能看穿，成为一块普通得不能再普通的招牌的一部分。

3.1 好奇心的重塑：朝闻道夕死足矣

人类改变世界的原动力，大概有两个，这两个都深深根植在人类的基因里。

一个是基于功利的——生存欲。

地球的生物进化史，就是一部能源的争夺史和热效率利用的提高史。

热带雨林中的树叶争夺顶端的阳光，深海的小鱼小虾争夺浮游生物，非洲大草原的獴协同作战抓蛇，原始人类诞生出第一个有产阶级，乃至大航海时代的风帆，乃至至今不灭的硝烟战火——说到底，都是因为人要吃得更多、吃得更好、生存得更舒服，就必须有更多资源。

一个基于非功利的——求知欲。

这是美国国家地理频道的一段宣传语：

If you are, you breathe. If you breathe, you talk.

If you talk, you ask. If you ask, you think.

If you think, you search. If you search, you experience.

If you experience, you learn. If you learn, you grow.

If you grow, you wish.If you wish, you find.

And if you find, you doubt. If you doubt, you question.

If you question, you understand and if you understand, you know.

If you know, you want to know more.

if you want to know more, you are alive

——National Geographic Society

这段话的论点就是“If you are you, you want to know more”，人生而好奇。

2008年，美国国家航空航天局（NASA）面向全美5～18岁少年为史上最贵的火星车征集名字。一个叫马天琪的12岁华裔小女孩给NASA写了一封简短的信。她在信中说——

“好奇心是我们每个人心中永远不灭的火焰……好奇心是如此有力量，没有好奇心，就没有今天的人类……关于这个世界，我们已经发现很多，但还远远不够……”

这封几分勇敢几分拙稚的信感染了NASA。2011年，这辆被命名为“Curiosity”（好奇号）的火星车登陆火星，带着人类探索宇宙的勇气开始了新的征程。

好奇心引发求知欲。相比其他欲望，求知欲有一个特点：对求知欲的满足不会终结这个欲望，只会把欲望扩大。因为好奇才向外探索，又因为探索到更大的世界，激发起更大的好奇心，这是一个无止境的循环。如果把人的知识面比作一个圆，好奇心就是圆周，当我们的圆更大，圆周也会变得更大。某天当我们的知识多出一个小小角，这个周长也会增加一大截。

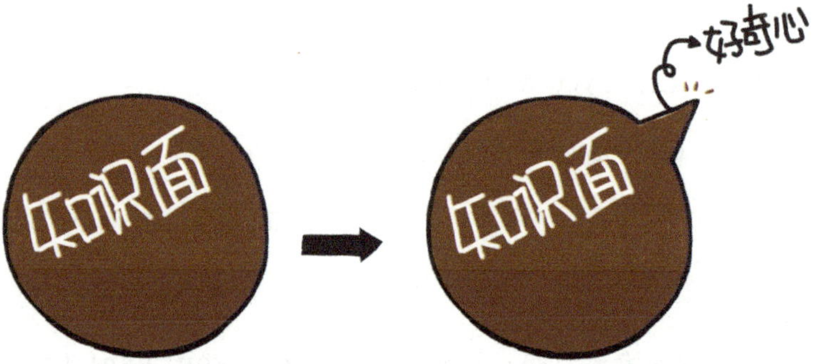

我去过很多很多地方。但每个人的“去过”不一样。住上一个月是去过，走马观花是去过，常住几年摸清每一条路看过每一朵花也是去过。

我的“去过”一般是去出差：下飞机，打车到酒店，工作，忙成狗，加班，吃饭，开会，回酒店睡觉，工作，睡觉，工作，睡觉，处理完工作，核对交接上报，回酒店收拾行李，打车去机场，运气好的话还能在机场开个会总结一下，飞往下一个目的地。

没错，我去过很多城市，我透过飞机透过白云俯瞰那些城市模糊的模样，我透过计程车的玻璃窗看行道树开着奇怪的花。我穿着套装高跟鞋从大楼出来进去，我甚至不知道那个城市的温度。只有当地公司请我吃饭时，我才会感觉到“咦，这个地方和上一个地方有些许不同。”每天从闹钟中醒来，我带着满脸起床气，反应很久才能想起来现在几点今天身在何方，忙碌的工作让我对那个城市毫无兴趣：“几年内我肯定还会再来这里的，下次再关心吧。”

你问我去过多少城市，我告诉你很多，但我的见识并不会比一只坐航空箱环游世界的猫更高明。

一个人去过很多地方，却对此无甚兴趣，亦不求探索，那“去很多地方”便毫无意义。

一个人看过很多书，却对书不求甚解，亦不做平行或纵深的比较阅读，只是“酒肉穿肠过”般的“文字穿眼过”，那么读书便毫无意义。

一个人交往过很多人，却对那些人不加琢磨，亦不追寻其内心深处的灵魂栖息地，只看“你对我好”“你对我不够好”，那么这段感情便毫无意义。

一个人经历过很多故事，却对得失不做总结，亦不追求做事精进的方法，只把“当年我如何如何”挂在嘴边作为谈资，那么这些故事再多也没有意义。

没有探索的好奇心，就没有经历的意义。

好奇心是源动力

我曾经问过很多人为什么学手头这份专业、做手头这份工作，很多人都给了我答案：程序员的工作环境比较单纯，设计师收入还不错，公务员比较稳定，妈妈说银行的女孩子比较受欢迎，我考得不好被踢到这个专业，我考了很高分不想浪费……我问他们，那你喜欢这份工作/这个专业吗？大概一半的人会回复我：“还不错”“我还挺喜欢”。

这些大骗子！真正喜欢的人不是这样的，真正喜欢的人在遇到第一个问题时就破不急待告诉我：“因为我喜欢呀！”

你若看过单元剧《生活大爆炸》（*The Big Bang Theory*），一定会对男主Sheldon印象深刻，他是一个学霸、一个理论物理科学家。如果我有机会走进电视剧问Sheldon：“你为什么研究理论物理？”他大概会眼睛放光情绪激动吊高了嗓音说：“哦，物理是多么有意思呀！你们这些蠢人永远不会知道！”

“有意思”是Sheldon研究物理的原动力，没有上面那么多理由，不计成本，不计回报，纯粹到透明。

“喜欢”是Sheldon研究物理的原动力。“好奇心”是我活着的原动力，我对这个世界的好奇，不计成本，不计回报，纯粹到透明。

很多人在青春期时会开始想象一些终极的哲学问题：我从哪里来到哪里去？我为什么在这里？宇宙为何诞生如何消灭？当我某天认真意识到人终会死去的时候简直痛不欲生。

唯物主义告诉我人死后不会有天堂不会有地狱，不会有灵魂，不会对这个世界有任何感知，也不会去往另一个世界，死后就是彻头彻尾的虚无。这种虚无是比死还可怕的东西。在某些神话里，人死不过头点地，魂飞魄散永世不得超生才是对罪大恶极者的终极惩罚，难道说我们都在这样的惩罚中吗？

如果最终一切都会消失，你我，你我所爱的人，爱你我的人，这个宇宙存在的意义是什么？自私如我并不关心人类进化，也不在乎死后洪水滔天，善恶忠奸，反正你们最后都得死，那么此时此刻我在此地又是为何？我为什么要这样走一遭？——因为我太好奇这个世界，我活着就是为了给无数个问题寻找答案。

子曰："朝闻道，夕死可矣"。

著名科幻作家刘慈欣在他的小说《朝闻道》中讲了这样一个故事：外星高级文明设立了一个知识密封原则，禁止向地球传送科技知识以免干扰地球人的自然发展。地球科学家丁仪请求外星人告知宇宙大一统模型，然后把他人道地毁灭。那一刻，他研究科学不是为了人类，只是单纯地为了满足自己的好奇心。这是我听说的关于好奇心最好的故事。

好奇心的另一面

- 好奇心是危险的

"好奇心"在激发"探索欲"的同时，也会导致它有时候和"生存欲"相悖——"探索欲"往往带来风险，所谓"好奇害死猫"。小孩喜欢玩水玩火，成人对危险的游戏蠢蠢欲动，不管是感情还是投资，高风险往往意味着高收益，只要是危险的，就多了那么一点"诱人"的色彩。

- 好奇心是有限的

好奇心的半径范围非常有限。人"对信息的好奇心"和"信息的易取得度"呈正相关。我和女伴们喝下午茶，说起谁谁谁的八卦，我精神振奋；但你若跟我讲费马大定理被验证了，我一定精神萎靡。无他，朋友八卦是我能马上听懂，得到愉悦感反馈的；但费马大定理，就算我天资极高，苦学十年也未必听得懂。

一个人如果学识不够深，理解力不足，很容易在学习上缺乏精耕细作的耐心。当他熟悉这个世界后，好奇心的半径就会收得很窄，这会导致两个结果：

1. 他的求知欲被“认知难度”阻碍，渐渐失去了对世界的好奇心。
2. 他的求知欲依然存在，甚至相当强大，甚至欲壑难填，只是他的好奇心只被消耗在他能理解的事物上，他通过长时间刷新闻门户、朋友圈、某乎、微博等相对低门槛的渠道了解碎片化、平面化信息，使自己沉浸在“我知道”的快乐里。

- 好奇心是脆弱的

重复的生活模式会钝化人的感知能力，沉重的精神压力会压缩人的生活空间。买房还贷找工作，结婚恋爱生孩子，人生被固定的轨道牵制着，稍稍逾矩就会被周围的人侧目，每天下了班在拥堵的交通中冲进杀出，到家的一刹那把自己埋进沙发里，方觉疲惫一阵阵袭来。健身阅读学英语，什么都想做，可是疲惫把这些念头全都杀光，我们只会去和那些让我们感觉不到辛苦的信息在一起。拿起手机，刷各种碎片信息——与其说是我们在吸收信息，不如说是各种垃圾信息在吸收我们，占据我们的时间，吞噬我们的生命。

生活中有太多东西可以杀死好奇心。我总是傲慢地以为“我知道”“太简单”“没意义”，从而失去关注的兴趣，错过很多本该驻足的有趣。

3.2　越长大越无聊：自戕式发育

伦敦艺术家史蒂夫·卡兹执导过一部不到两分钟的动画短片，叫《坠楼》。短片讲的是一个中年男子意外坠楼的一瞬间，他的所有人生经历在他落地前快速闪回：童年的玩乐嬉戏，少年时代的运动和恋爱，大学里广泛交游，然后工作，他的生命就像被大头钉钉在了写字桌上，无休止的文件，日复一日，年复一年，文件如潮水般周而往复，如下图的剧照——

这是大多数人的人生吧。

正如速度能扭曲钟表的时间，趣味也能扭转人脑海中的时间——

当我们感觉到有趣时，觉得岁月如梭，和喜欢的人聊天不知不觉天就黑了。

当我们感觉到无聊时，觉得度日如年，上枯燥的课下课铃总是遥遥无期。

可当我们回忆时，这种感觉又会倒过来——

和喜欢的人聊天，当时觉得很短，回忆起来好长，对方说过什么话、用的什么表情、一起吃过什么东西、当时天气如何都在记忆中留下厚实的记录供随时查阅。

而上无聊的课，当时觉得很长，回忆起来好短，淡淡的，像水彩画被濡湿的留白，遥看有，近看无。

如果不幸你的工作比较枯燥，那人就更容易变得越来越无聊。每天两点一线，上班下班，像一台性能良好的复印机，一页一页匀速输出工作量。“如果要我写日记，我只需要写一页，然后复印365份，每天拿一份填上日期就行了。”——我的一个朋友说。

大学四五年，像一个长长有颜色的梦；大学毕业四五年，就是弹指一挥间；毕业十多年，弹指两挥间，多挥几下，突然有一天就被自己惊讶到：“我已经这个年纪了？”

渐渐老去的我们，该如何从当下的枯燥中抽离？

神经元剪切：越长大越孤单

人类新生儿的大脑重量只有成人的四分之一，出生后，婴儿大脑中的神经元也会迎来一次成长高峰，迅速追上成人的水平，在2~5岁时到达一个峰值后开始下降。

儿童脑中神经元之间的连接要远远超过成人脑中神经元之间的连接。一旦儿童要适应所处的环境，其神经元之间的连接就快速增长。周围的信息是通过适时开启与闭合的“窗户”进入人脑的，环境因素越丰富复杂，神经元之间的连接次数则越频繁，因此，就能更快捷地进行学习，更深刻地理解所学的意义。

当快到青春期时，神经元生长的速度放慢，但另外两个成长过程应时而生：一是人脑发现有用的神经元日益巩固；二是无用的神经元连接逐渐消失，因为人脑可以在经验的基础上裁剪神经元之间的连接。这种对神经元连接择优汰劣的过程持续人们的一生，但3～12岁则是最关键的时期。可以说，人在幼年时的经验就已经在形塑自己的大脑并设计自己独一无二的神经系统，从而影响到自己将来如何上学、工作或其他方面的经验。

——《教育与脑神经科学》大卫·苏泽 等著

上文中提到的神经元的“择胜汰劣”学术上被称为“突触剪切”（Synaptic pruning）过程。在这个过程中，有用者生，无用者死，经常使用的神经元及其连接被保留下来，不常使用的则被消失。神经元自带了“用进废退”的功能。2007年，牛津大学的Abitz发文表示，他们比较了8个成人和8个新生儿的大脑，发现成人的神经元平均比婴儿少了40%。

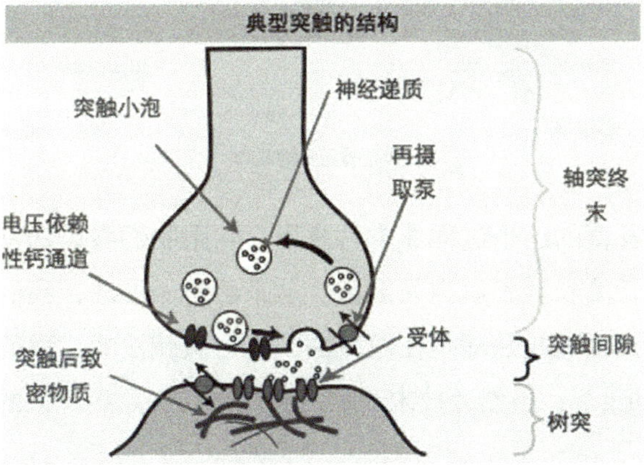

有个很早但很著名的案例：一个新生儿因为眼部感染被包扎眼睛数天，眼睛治疗好后医生打开纱布，发现孩子没有视力。检查后

医生发现这个孩子视力相关的器官功能良好，没有任何问题，但就是看不见。后来人们才意识到："孩子出生后的几天乃至几周，对视力而言，是神经元连接快速巩固的关键时期。此时人为包扎孩子的眼睛，会让孩子的视力永久受损，即使事后进行治疗，也无法完全恢复。"

青春期之前，大脑的神经元会迎来第二次也是最后一次成长高峰，这次发育集中在前额叶等比较高级的区域。此后，会继续突触剪切，神经元和连接不断减少。突触剪切将神经元减少的同时，被保留的神经元之间的连接却增加了。

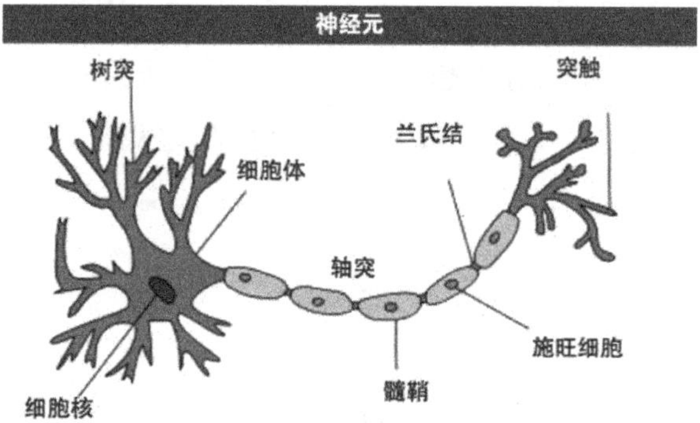

典型神经元的结构

大脑发育的这个过程非常有意思，它跟我们身体的发育是相反的。我们长高长胖长肌肉长细胞，从来都是做加法，我们最重要的器官——大脑的成熟却是在做减法。这个做减法的过程很像树木修剪（pruning），虽然旁枝末节被修剪掉了，但是剩下来的部分更强壮。

有些儿童、青少年拥有大量非常有用的神经元并表现在特殊的才能上，称为神童、天才少年。但由于后天这部分技能点没有被持续使用，突触剪切就会把这些神经元都剪掉，等到少年回过神来，天赋就这样悄悄地消失了。这很有可能就是“伤仲永”的真正原因。这也是儿童有时候学习能力强于成年人的原因。

在大脑的发育过程中，人类为了质量牺牲数量。我们能做得越来越好，我们能做的也越来少。

我变强了，也变秃了

人生最辉煌的一段时间是高考前6个月，这时你上知天体运行原理，下知有机无机反应，前有椭圆双曲线，后有杂交生物圈，外可说英语，内可修古文，求得了数列，说得了马哲，溯源中华上下五千年，延推赤州陆海百千万，既知音乐美术计算机，兼修武术民俗老虎钳。而上了大学之后呢，好像啥都不会了！

——一个老段子

在成长的过程中，我们就像神经元一样知道得越来越少，但越来越专攻；玩得越来越少，但玩得越来越深。

我从一个学十几门课程的学生，变成一个只能在一个领域干活的人。

我读的闲书，从天文地理五行八卦笔记小说等大杂烩中修剪出来，渐渐只剩下著作和漫画。

我交的朋友，曾经囊括富二代白富美扫地阿姨小太妹，玩得好的渐渐只剩下几个生活状态和我差不多的人。

我没有特别去改变什么，就是随着时间的流逝，自然而然变成了这样。再过几年，大概就会自动成为中二小说中“无聊的中年人”吧。

人是一种很喜欢偷懒的动物，整个工业文明都是基于“如何让人少干活”的原则发展起来的。年轻的时候或许因为新陈代谢旺盛还有些许余力去掺和新事物，随着年岁渐长，工作压力增加，个人时间减少，越来越喜欢偷懒。偷懒的表现之一就是这种类似神经元“修剪”的自我修剪，或者说自我阉割。

一方面，这种“自我阉割”节省了精力，保证我们在有限的时间内在某些领域做到专攻，或是降低我们试错的成本，保证付出的时间精力成本得到合理的回报。这种功能的专精化不仅只在人身上体现：一个发展成熟的工业产品，造型会趋同，一个发展成熟的公司，流程也会标准化。

另一方面，这种“自我阉割”收窄了个人视线，减少了生活中出现“意外”的可能。比如我们现在就买不到旋转270°带滑盖内置打火机和功放的手机了。

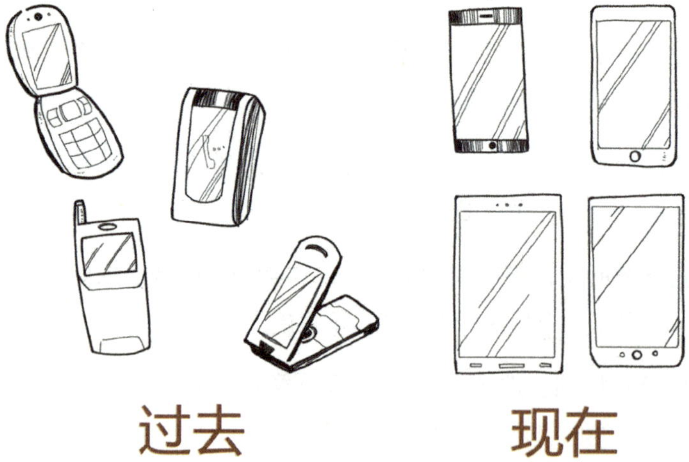

“有趣”是一种令人愉悦的意外，而意外意味着“风险”：我可以尝试意外一下，但不保证是“意外得愉快”还是“意外得不愉快”。人年纪越大往往越倾向于保守，这种对风险的厌恶愈发强烈会收窄个人视线，狭窄到一定程度，会有两种可能：

1. 注意力高度集中在小范围的领域内，自得其乐，成为旁人眼里的怪人。如果这个怪人颇有才华，在领域内小有所成，那就会变成一个受人尊敬的怪人。
2. 注意力无法集中在小范围领域内精进，也无法分散到其他领域，空有注意力而无注意的对象，成为一个觉得生活很无聊的人。

如果你觉得生活有点无聊，那大概就是落入到了第二个可能里。

对于大多数普通人而言，无聊是伴随着成长带来的必然，正如神经元的修剪是智力发育带来的必然。为了成为一个智商正常的人，我们不得不削掉那些没用的神经元，把用得着的养大。为了成为一个能在社会化大生产时代胜任细分化工作的人，我们不得不削掉那些没用的关注点，把有限的精力分配到专业领域。

无聊伴随着“风险厌恶”偏好而生，伴随着更稳定更规律的生活方式而生。无聊是我们对生活方式的一种自主选择，我们对低风险和规律生活有多热爱，我们的无聊就有多蠢蠢欲动。我们身处和平年代，享受着稳定供水供电、稳定交通、稳定供货的时候，整个社会系统像一台大机器兢兢业业地运转，社会本身就是一个风险厌恶系统。

举个不甚恰当的例子——

知名肿瘤医生悉达多·穆克吉在他的科普著作《众病之王：癌症传》中表达了这样一种观点：癌症并发是基于细胞更新时的分裂异常，细胞更新次数越多，出现分裂异常的概率越大，所以不考虑环境刺激的话，老年人得癌症的几率比较高。由于现代医疗水平的进步，很多疾病被预防、早期干预、治疗，导致人可以活得更久，导致得癌症的几率越来越大。

从全球范围内看，不是因为生活环境被污染了导致癌症越来越多（虽然也有这个因素，但这不构成主因），而是其他致死病现在更容易被预防或治愈，只剩下癌症了。比如古人因病死亡的主要原因大概是：营养不良、细菌感染、传染病等，现在我们有食物有抗生素有疫苗，就能活久一点，就更容易遇到癌症这个老年病。

无聊也是如此。战争年代，人们的生活体验是恐惧、贫困、饥饿、艰辛、绝望，现在至少生活安定，这些体验就减少了，“无聊”就慢慢冒出来了。无聊是现代病，是文明病，是社会发展病。如果你觉得无聊，说明你至少过得还不错。

所以如果要拒绝无聊，不是去：辞职！换工作！创业！离婚！环游世界！当诗人！不顾一切放飞自我！那样倒是不无聊了，但随之带来的风险会让人战战兢兢夜不能寐。我们只是想在保持稳定安全可持续的生活方式继续的同时，找点乐子而已。

没有人喜欢风险，除非天生赌徒。

3.3　像哲学家一样观察世界：视角陌生化

起床——梳洗——出门上班——路上买早餐——惺忪的上午——午餐——认真开工的下午——下班——晚餐——玩玩手机追追番打打游戏——睡觉。

这是很多人一天的标准流程，周一到周五，周而复始。周末的生活安排无论是睡大觉死宅还是出门玩，总是和工作日不一样。潜意识里我会用“与周末的距离”来给周一到周五添加不同的情绪色彩，比如周一是严肃冰冷的，周五是温暖欢乐的，周三是不尴不尬的。因此以周为工作周期的人很少会记错今天是周几，但容易记错这个月是几月份，乃至今年是几几年。

如果你的生活不是每天都充满了激情与挑战，如果你对自己的日常工作已经得心应手，对下班后的私生活也轻松应对，那日子就会更加规律：工作日早上可以蒙着脑子洗脸刷牙，拐弯不用认路，电梯按键不看数字，只有坐在办公桌前打开电脑喝上今天的第一口咖啡，才觉得自己慢慢清醒起来。

“认路拐弯”和“按电梯”已经成了不需要动脑就能完成的工作。

从某种程度上说，“上班下班”和“买菜做饭”又何尝不是呢？可能需要动脑，但不需要用心。

当日常生活成为习惯，当生活成为一种惯性，不再是“我在做事”而是“事情在推着我”，就无法给“有趣”这种体验留下足够的空间。今天的体验都是昨天体验过的，已知的世界又有多少意外可言？

许多文学作品都把生活十分规律的中年人日常列为“无聊生活”的范本。谁的人生会有趣一点呢？——儿童。

儿童眼中的世界是陌生的。想像儿童一样兴致盎然，就要先把这个世界陌生化。

形式的陌生化

《红楼梦》中的老太太没太多文化，但很会玩——

贾母笑道：“我想往年不拘谁作生日，都是各自送各自的礼，这个也俗了，也觉生分的似的。今儿我出个新法子，又不生分，又可取笑。”王夫人忙道：“老太太怎么想着好，就是怎么样行。”贾母笑道：“我想着，咱们也学那小家子大家凑分子，多少尽着这钱去办，你道好顽不好顽？”

——《红楼梦 第四十三回》

“凑份子”是当时普通市民阶层中已经烂熟的习俗，在底层民众间流行，往往用于给老人家过生日，就以众筹的方式解决资金问题。贾府当然不差这点钱，老太太这么玩既是为了给王熙凤脸面，也是凑趣。对于贾府而言，这是“新法子”，是“好玩”的东西，只因这种方式对她们来说是陌生的。

观念的陌生化

与形式的陌生化相比，观念的陌生化更难以体验。人类自有文明以后，在地球上行走了几千年并未觉得有何问题，直到万有引力的发现前夕，终于有人开始思考：万物为什么会落到地上，而不是飘着呢？

有一天早上，爸、妈和小同正在厨房里吃早餐。过了一会儿，妈妈站起身来，走到水槽边。这时，爸爸飞了起来，在天花板下面飘浮。小同坐在那儿看着。你想小同会说什么？也许他会指着父亲说：“爸爸在飞。”小同当然会觉得吃惊，但是他经常有这样的经验……好了，现在轮到妈妈了。她听到小同说的话，转身一瞧。你想她

看到爸爸像没事人一般飘浮在餐桌的上方会有什么反应?她吓得把果酱罐子掉在地上，然后开始尖叫。等到爸爸好整以暇地回到座位上时，她可能已经需要急救了。

为何小同和妈妈有如此不同的反应?你认为呢?这完全与习惯有关。（注意：妈妈已经知道人是不能飞的，小同则不然。他仍然不确定在这个世界上人能做些什么或不能做些什么。）

然而，苏菲，这世界又是怎么回事呢?它也一样飘浮在太空中呀。你认为这可能吗?遗憾的是，当我们成长时，不仅习惯了有地心引力这回事，同时也很快地习惯了世上的一切。我们在成长的过程当中，似乎失去了对这世界的好奇心。也正因此，我们丧失了某种极为重要的能力（这也是一种哲学家们想要使人们恢复的能力）。

——《苏菲的世界》乔斯坦·贾德

《苏菲的世界》中，作者借书中人物之口告诫我们不要把这个世界想得“理所当然”。

“理所当然”——这是一种可怕的人生体验。它把我们包裹在表象之内，阻止我们去看世界运行的内在原理。

在我读初中的时候，有一次，一只毒蜘蛛咬伤了我的右手。我问我妈妈该怎么处理……她在我的手上包了好几层棉花，棉花上喷撒了白酒，在我的嘴里放了一双筷子，然后打火点燃了棉花。热量逐渐渗透过棉花，开始炙烤我的右手。灼烧的疼痛让我忍不住想喊叫……在座的如果有生物背景，你们或许已经理解到了我妈妈使用的这个简单的治疗手段的基本原理：高热可以让蛋白质变性，而蜘蛛的毒液也是一种蛋白质。这样一种传统的土方法实际上有它一定的理论依据，想来也是挺有意思的。

——哈佛生物系博士毕业生何江作为哈佛研究生优秀毕业生代表演讲，2016年5月

在这里，“烤火杀毒”是表象，“高温可以使蛋白质变性”是原理。还有很多类似的现象：“产妇不能洗头”是表象，“古代供热条件不好洗头不吹容易着凉”是原理；“红糖煮鸡蛋补身子”是表象，“物质贫乏年代鸡蛋是优质蛋白质”是原理。

描大字的时候，若一页只描一个字，练习久一点，就会发现那个字似乎怪怪的，横是横，竖是竖，但组合起来似乎变得不认识了。我们玩文字找茬游戏时紧盯着一页字看也会有类似效果。如果想尝试观念的陌生化，也是一样的粗暴办法——一直死盯着问题不放，尽可能分解它。

[案例]：不自食其力的人可鄙吗？

先假设问题中的人有劳动能力。我保证九成以上的人会不假思索回答“当然！”。

讲个真实的故事——

格里戈里·佩雷尔曼，是一位俄罗斯数学家。他曾在一家叫做arXiv的网站上发布了自己的论文，这篇论文及随后的系列文章被认为证明了数学界七大难题之一——庞加莱猜想。

2006年8月22日，国际数学家大会在西班牙马德里举行，大会的开幕式即将颁发一个重要的数学奖项——被称为全球数学最高奖

的菲尔兹奖（Fields Medal）。可是这一年的菲尔兹奖出了点意外，获奖者俄罗斯数学家格里戈里·佩雷尔曼没有出现在颁奖大会上。

早在三个月前，费尔兹奖委员会投票授予佩雷尔曼费尔兹奖，而他宣布不接受此奖。两个月前，国际数学联盟主席约翰·波尔（John M. Ball）爵士亲自抵达圣彼得堡，试图说服他接受奖项，在经过两天内十小时的尝试后，约翰·波尔爵士被迫放弃。

这不是佩雷尔曼第一次拒绝领奖。

20世纪90年代初他拒绝接受欧洲数学协会的奖金，2006年，他拒绝了菲尔兹奖，2010年他拒绝了千禧年难题奖（Millennium Prize Problems）和100万美元奖金。他不仅拒绝荣誉和奖金，还拒绝同行评审，这意味着他拒绝在学术杂志上发表论文。为此，他选择从工作单位司捷克洛夫数学研究所辞职——作为一个正常的科研机构，他们每五年会根据职员正式发表的论文评选一次研究员、副教授和教授——虽然佩雷尔曼从1994年起就潜心研究庞加莱猜想，但他拒绝发表论文。

他还拒绝了包括斯坦福大学、普林斯顿大学、麻省理工学院在内的多所国际著名学府的重金邀请，他说他宁愿“在圣彼得堡附近

的森林里找蘑菇”。

拒绝这么多金钱诱惑的佩雷尔曼并不是一个有钱人，恰恰相反，他生活拮据。2006年8月20日，《星期日电讯报》报道，这位古怪的遁世者目前与母亲住在圣彼得堡的简陋公寓里，靠他母亲每月约合30英镑的退休金生活，因为他从去年12月开始就失业了。从那时起，他拒绝采访，拒收邮件，拒绝社交，拒绝送上门来的奖金，他把自己封闭在小小的独立的世界里。

格里戈里·佩雷尔曼，作为一个不修边幅不剪头发不剪指甲没有工资的大龄单身“啃老族”、社交障碍者，同时也是一个特立独行的天才数学家。

故事讲完了。请问佩雷尔曼是一个“自食其力”的人吗？他可鄙吗?

补充一点，佩雷尔曼的母亲曾经是一个有数学天赋的少女，因为结婚放弃了学业回老家当了一位小学数学老师。她很能理解儿子的心境并支持儿子的行为。佩雷尔曼那些年依靠母亲生活并没有伤害到母亲，相反，母亲甚至可能因此觉得非常欣慰和自豪。

“人应当自食其力”，一个看上去理所当然的道理，可是细想这其实指的是：

1. 人应当有自食其力的能力。
2. 在不伤害他人生活的前提下，要不要“自食其力”其实是一种对生活方式的选择。

佩雷尔曼若愿意，功名利禄唾手可得，他是“与人无伤地有其力而不自食”。

父亲（章伯钧）随即解释："别以为说个公子哥儿，就等于游手好闲啦。小愚，你要知道中国文化很有一部分，是由统治阶层里没有出息的子弟们创造的。张伯驹就在玩古董字画中，玩出了大名堂，有了大贡献。"

——《生是长穹一抹风》王忠和、荣进

上面这段话我可以稍微泛化一下这样说："人类文明很有一部分，是一小撮没有自食其力的人创造的。"曹雪芹"举家食粥酒常赊"，投亲靠友；高迪醉心圣家堂设计，为之散尽家财甚至亲自乞讨筹措费用。

说到底自食其力是一种输出劳动并变现的能力，可惜在数学物理等基础学科以及文学艺术这些形而上的领域，并不是随时都有人有足够的远见愿意为之付费，换言之，变现不易；另一方面这些领域的大神往往天赋异禀想法清奇，对"现"没什么追求，或是品味独特，不需要"现"。

正是有人剥离了这种劳动和变现之间的关系，把劳动真正变成了一种纯粹精神需求，而不是变现手段，他们投入以极大的热情，收获以极高的成就。他们可以是贵族，也可以是平民，可以是领着家族信托基金的二代三代，也可以是不善劳作穷困潦倒的天涯沦落人——只要他们有独立生活的能力（虽然不一定愿意使用这种能力）、心中有着自己的健康追求、不伤害他人（譬如"啃老族"需满足"老人愿意被啃"这个前提，否则便是伤害老人），我们作为路人其实无须太过指责。毕竟，"关我屁事"是一种美德。

补充个后续，佩雷尔曼于2014年去瑞典一家科技公司工作了。

当我们遇到司空见惯的观念，遇到熟视无睹的社会现象，若能像第一次看到时一样，多想一想为什么，多多少少能发现一点“意外”。

几年前如果发生一起性骚扰案，各大媒体会提醒“为了保护女性朋友的安全，请尽量避免衣着暴露”。当初听惯了这些我并不觉得有何不顺耳，但现在很少见到大媒体这样说话了，开始从“如何加强公共安全”的角度来看待这个问题。

某一天，音乐团团长金承志需要写一个PPT，他说突然觉得生活很荒谬，“我为什么会在写PPT？”是啊，一个音乐人为什么会在写PPT，一件让他不顺手也不乐意做的事情。这种荒谬感蔓延开来，刺激他写了那首《我累得像条狗》。

我也有过这样的感觉。记得某个“回南天”，我凌晨四点站在深圳的某栋22层高楼里，打开窗，一朵云飘进来。我有一种出离尘世的疏离感，开始质疑生活的真实性：我为什么在这里？我为什么在深圳而不是北京上海，而不是马尔代夫，而不是我的老家？我为什么四点钟在公司加班而不是睡觉？我为什么在这家公司上班？我为什么在这个行业？我喜欢的事情不是读书和写作吗？我为什么在写数据分析报告？我就这样想了一会儿，等到五点钟的时候，我已经准备辞职了——本人对鸡汤免疫，所以我说的“准备辞职”的意思是“开始找合适的下家”，而不是裸辞。“理想”很重要，“吃饭”更重要。

排队、便秘、洗澡的时候不妨扪心自问——

我是谁？我从哪里来？将要到哪里去？

我为什么是现在这个样子？这符合我的预期吗？三年前的我会预期现在的我吗？

我为什么在做这个工作？每天醒来一想到要上班我是头疼还是开心？

此时此刻我为何在此地做这件事情？我为什么在准备考研，我真的想考吗，还是只是不想上班？

我为什么在经历这段感情？我真的喜欢这个人吗？

或者，这些都只是一种习惯？

我们需要偶尔把自己陌生化。把自己当作一个客体去看待、去围观，以一个旁观者的视角去观察自己的生活状态，会发现很多很多问题。

如果你觉得陌生化后你的生活是荒谬的，那说明你已经偏离自己想要的轨道了，早发现早治疗，可能还有救。

第 4 章

chapter 4

“有趣”是一种技能

“有趣”是一种人格魅力，也是一种技能。

有些技能，练习和展示是同一种形式。

比如跑步，训练的时候常常在跑步，比赛的时候也在跑步；再比如举重，训练的时候常常要举杠铃，比赛的时候还是在举。

有些技能，练习和展示完全不同。比如健美，练习的时候就是各种力量训练肌肉塑形，比赛的时候只要站在那里摆pose就行。

“有趣”就属于后一种技能。平时的阅读、体验、交友都是有意识或无意识训练，而展示有趣的时候，你只需要坐在那里跟人聊天就行了。就像健美运动员那一身腱子肉，这种天长日久的积累会从头到脚散发出来，无法掩盖。

一身肌肉是健美运动员各种能力在肢体上的外显，是自控力、意志力、心肺能力、肌力、肌肉稳定能力等组合作用下的产物。

“有趣”则是各种能力在人格魅力上的外显，是知识储备能力、信息管理能力、感知力、鉴赏力、想象创新能力等组合作用下的产物。

4.1 无知是最大的不自由——信息储备能力

我做义工时认识一个孩子，才上初二，他非常聪明，但学习成绩非常糟糕，整天跟我说学历没什么用，他将来要凭本事闯社会。我问他：“你将来准备干嘛呀？”他说：“有能力什么都干得好，可以打游戏赚钱，可以开网店，可以写网文，可以做视频直播……”

他说的这些，是门槛相对比较低、出头很难、一旦出头收益很高的行业。

在资本市场，有一类“挖石油”产业。石油勘探业每打一口井投入巨大，风险很高，但一旦成功出油，利润丰厚，可能挖20个洞有一个洞出油了，就能覆盖掉20个洞的开采成本，还有的赚，类似产业还有新药研发业、电影业等。

放在个人身上，电竞选手、网店店主、网文大大、网红直播也是类似行业。这些行业一旦成功，收益很高，差别就在于投入。比如演员和网文作者这两个行业，看上去很风光，真心是因为幸存者偏差——不风光的你根本看不到。

这两个行业的平均薪水其实很一般，演员行业的平均薪水必须把一线当红的花旦小生和横店领盒饭的群演放一起算，网文行业必须把收入几个亿的大大和签约都签不上的小透明一起算，明星和大大收入高但人少，群演和小透明人多收入低，平均起来，这两个行业还真不如普通白领。

我跟小朋友讲：“石油公司可以挖20个洞，但你只有一个青春，如果把全部希望都寄托在这种高风险行业上，就好比只能挖一个洞的石油公司，这个洞要是挖不出来，资金链就断了，公司就破产了。如果你喜欢，可以业余做这些事情，不耽误学习的前提下，投入业余时间打游戏开网店写网文，这样做成功了算你赚大，做失败了你还有学历，还能老老实实当个上班族有口饭吃。高风险的事情，玩票儿就像买彩票，你孤注一掷了就是赌博。”

小朋友认真地听完我说话，若有所思地点了点头，从此再也没搭理我。我都没机会告诉他，网店店主现在已经是标准的“挖石油”行业了，除非你渠道独特，否则几十万元下去你连水花儿都见不到——当然你铺路了，也不一定能活下来。

小朋友的口头禅是“买菜又用不到XXX”——XXX可自行替换成微积分、英语、诗经楚辞等。他期待这辈子能做的最有技术含量的事情，大概也就是买菜了。他不了解建筑师、设计师、软件工程师、审计师、出版策划这些职业是怎样的状态存在，他在“对学历没要求”这个大前提下做出“打游戏赚钱”这个选择，并不是基于自由意志，而是基于无知，他不知道还有其他选择。

无知是最大的不自由。你知道的有效信息越多，你的选择余地越大；你的知识储备越广，你的思想就越自由。知识储备，是构建精神世界的基石。

知识储备的获得渠道很多，主要渠道不过三种：历练、阅读、交友。

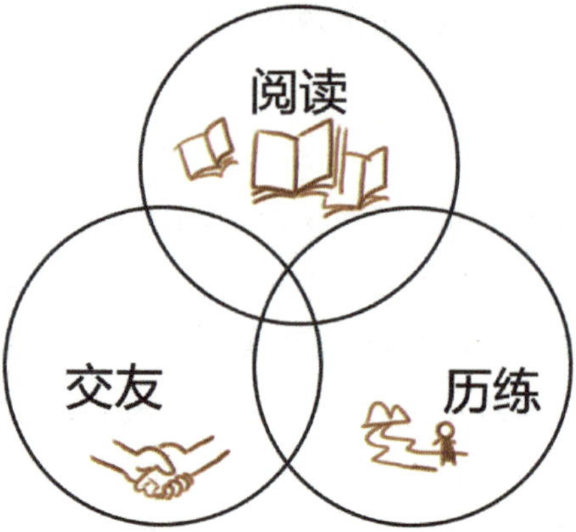

历练

相声演员郭德纲在接受采访时说：“活得明白不需要时间，但需要经历。”

经历多了就成了历练，这是最基本的获取知识的渠道。从我们出生的那一秒开始，张开眼睛观察这个世界，用幼嫩的手指好奇地触摸周围的事物，倾听声音，观察人的表情，都属于历练。

青少年期的“历练”非常考验投胎技术。

生在社交名流之家，则从小登堂入室；生在书香门第，则从小诗书熏陶；生在外交官家庭，则从小见多识广。这些历练是一个人的家庭给予的，而不是个人能选择的，不具有可复制性。

贝克汉姆的大儿子布鲁克林在他的17岁，已经登了无数次封面，当摄影师，广告代言，和女歌手谈恋爱，赚的钱约折合220万元人民币，想想我自己的17岁，真是令人尴尬。

成年后的“历练”就有个人自主选择的范围了。

人可以出门旅行，所谓“读万卷书，行万里路”。

对很多人来说，旅行的意义在于脱离你习以为常的生活环境，去一个陌生的地方，从视觉听觉味觉触觉高浓度全息地输入大量陌生信息，去感受当地的风土人情，去思考总结自己的人生观——只去拍照购物的旅行者，意义止于拍照购物，止于朋友圈。

你买的东西、拍的照片会成为美好的记录，你买的物品或可以一直使用，而你感受到的东西会内化为精神世界的一部分，藏在大脑里，日复一日慢慢发酵，酿成醇厚悠长的记忆，融入你日常的举手投足，外化成为你气质的一部分。

作家马伯庸曾游览古城绍兴，这是一座我熟悉的城市。可他发在微博上的绍兴，却和我熟悉的那个江南小城全然不同。他探访不知名的文人墓地，随手拍民居门口的清雅对联，他讲这个城市跨越千百年的历史记忆，把它们一个个细心串起来，他饶有兴致惊喜连连。绍兴，在我的眼睛里，是一个由长宽高组成的空间，在马伯庸眼里，这是空间，也是时间，这是过去，也是现在，是眼前的真切，是书本的印证。

历练需日常实践，所谓“知行合一”。

很多东西不上手永远学不会，比如游泳、做菜、编程，很多东西没有经历过永远不懂，比如办公室政治、婚姻爱情、亲子关系。

有些实践是重复性的，比如吃饭穿衣走路，很难持续开拓知识面。我有个长辈常说“我走的桥比你走的路都多”，直到某天我不经意说起“上班一星期在国内出差了一万多公里里程”后，从未出过省的他从此改说“我吃的盐比你吃的饭都要多”。这我就很难反驳了，毕竟我不爱吃米饭，他又重口。

有些实践则比较新鲜，比如看戏听歌、蹦极跳伞，乃至接手一个从未做过的项目，学习一门新技术等，可能做过还是觉得“不就那么一回事儿”，但你若不去尝试，就什么概念都没有。把重复的日子投入到不重复的实践中，人生体验会增加得更有效率。年轻就该出去“浪”，没见过“大风大浪”，如何在年老时有脸说“平淡是真”呢？

阅读

有句话叫作“要么读书要么旅行，身体和灵魂，总有一个要在路上”。刚才说旅行是信息储备的重要渠道，但不是常规渠道，因为一则旅行的时间、经济成本太高，二则旅行能获得的信息非常平面，你一般不能指望通过旅行学习微积分。

旅行不是必需的，不需要自带优越感。比如资深宅男康德，一辈子都没有离开过东普鲁士，靠着阅读和思考构建其思想大厦——而阅读是必需的。

阅读，是获取知识面的最经济的办法，没有之一。在我们这个年代，阅读已经不限于书本，电子阅读器可以阅读，手机APP可以阅读，微信公众号可以阅读，书可以读，文章可以读，段子可以读。从量上说，我们很有可能胜出父辈。但从质上说，就很难比较了，有以下两个问题——

1. 存在大量碎片化阅读。
2. 存在大量重复性阅读。

[碎片化阅读]

如果用旅行打比方，碎片化阅读就好比是旅行中的“一万元欧洲八天十国游”，你知道你去过很多国家，跟别人聊起来，别人也知道你去过很多国家，然后，就没有然后了。

碎片化阅读是当代人的阅读趋势，标志性产品为“Twitter”，仅限140字。里面文字已经不能称之为篇，只能称“段”。

段子的优势在于篇幅短，机动性强，车前马上随手就看，阅读之前不需要大脑预热启动，几秒钟看完，大脑会迅速做出“我又了解了新知识”的判断，给人以愉悦感。由于篇幅短，知识深度十分有限，你会以为自己了解了很多，但实际上懂得无非是诸如“花是红的”“这样做是不对的”“xx有毒”等扁平的零散的简单信息。这些琐碎的信息都带着“新鲜事”的光环向我们索取注意力。

[重复性阅读]

如果说碎片化阅读是八天十国游的话，重复性阅读就相当于你在同一家酒店足不出户一个月，功能是“放松心情”而非“获得知识”。

有时候人们乐意读长一点的文章，比如网络小说，玄幻修仙类的100万字起步，全文数百万字的小说满天飞。这些小说不少都有一套模式，然后开启循环，就像你用播放器听歌一样，比如——

- **奥特曼模式：**王小圈捡到一个武器，去打小怪兽，小怪兽被打死了，王小圈捡到怪兽掉落的宝物，功力大增，去打下一个小怪兽……怪兽等级越来越高，王小圈也越来越强，直到万众敬仰天下闻名。
- **超级玛丽模式：**王小圈遇到王子， 王子对王小圈一见钟情矢志不渝，女二号来欺负一下王小圈，被修理；女三号来欺负一下王小圈，被误会，后来真相大白，王子更爱王小圈了；女二号再来欺负一下王小圈……最后王小圈打败所有妖艳贱货，赢得了王子。

这样的文章虽然长度足够，但在知识储备方面效率不高。

以上的阅读都不需要付出精力和耐心，收获的是快感而非知识，这种现象我们在第1章中提到，称之为消遣。

尼尔·波兹曼在《娱乐至死》中认为，尽管大量数据的收集和取用对于大规模的组织来说非常珍贵，但是对于个人来说，海量资源能起到的作用却十分有限。消遣的知识太多了，真正有用的知识就被隐藏在海量信息之后，被埋藏起来不容易找到了。

交友

“近朱者赤，近墨者黑”，看一个人是什么样的人，就看他的朋友是什么样的人——这招在谈恋爱的时候很有用，尤其是当你对自己眼光不甚有信心时。

交友本身是一件高成本高回报的事。相比旅行，交友需要付出更多的时间——这个在现代社会最珍贵的东西。在很多西方国家，酒吧是很多年轻人社交的平台，图书馆酒吧社团，是欧美人大学记忆的重要载体。在我国，酒吧文化普及度不算很高，很多老一辈人还存着“酒吧不是什么正经人去的地方”这种观念。我不是推崇酒吧文化，而是觉得没有一个公认的社交载体，会有一个很严重的后果——青年社交渠道缺失。

再加上身贴舆论施加的“结婚”压力，以及“自由婚恋”精神的深入人心，导致适婚人士既无法心安理得地单身到底，又无法像上上辈人一样接受父母安排媒人介绍，于是大规模的“相亲”现象就诞生了。

“相亲”是恋爱模式的碎片化，是一种非常无趣的活动。如果你通过相亲收获你爱的人，我只能恭喜你“运气真好”。人在相亲时，会像面试一样一个一个一轮一轮彼此咨询，以确认对方是否是合适的伴侣，有些城市流行过快速高效的“六分钟相亲会”，但与面试不同的是：面试时大家彼此陌生，都知道对方在想“要不要一起工作”，而相亲时彼此陌生，大家都知道对方在想“要不要一起做爱”——这种事情实在不太适合跟陌生人探讨。

如果想结婚又不想投入大量时间和精力寻找爱人，那就相亲。

如果不想结婚，事情就变得轻松多了，直接拒绝社交就可以。所以“宅”文化流行，“接听电话恐惧症”成为流行病。在大城市打拼的年轻人，朋友散落在全国各地，身边有的，只是同事而已——一种每天都要看到，但不需要什么深交的生物。后来连同事都懒得打交道了，只是互加通讯方式而已，甚至懒得回复对方。为了表现我还活着并没有取关对方，我只是在对方发文的时候默默点赞——一种新时代的人际关系诞生了——“点赞之交”。

实际上交朋友是获得知识储备的极佳渠道。一个优秀的人成为你的朋友，会把他见过的风景，他了解的知识，他亲身经历的体验都分享给你，这些宝贵的信息会大大扩充你的知识面。和阅读相比，交友获得的信息是经人把关过的，质量更高，内容也更有保障。

而“交男/女朋友”作为交友的进阶模式，更是可以在两个人长时间高密度的深入沟通中交换大量的知识以及观念，一场适可而止的恋爱，能同时帮助双方修补不完善的人格，使之彼此更加成熟。不过万一遇人不淑交友不慎，学费也是巨大的。

历练、阅读和交友这三种知识储备的方式对比如下表，无论是历练、阅读还是交友，都有“高投入高回报”的模式，以及“低投入低回报”的模式。种瓜得瓜种豆得豆，你选择多少付出，就能预期多少收获。这两种模式往往同时存在，没有高下之分——同一个人可以今天看《网游之龙傲天称霸天下》，明天看《卡拉马佐夫兄弟》；也可以今年欧洲八天十国游，明年再找个国家深度自驾一下。

类别	高投入高回报	低投入低回报	
		碎片化模式	重复化模式
阅读	阅读教材、严肃读物	读微博、朋友圈	阅读百万字打怪升级文、宅斗文
历练	十天深度英国游	八天十国游	度假村里放松一个月
交友	恋爱	相亲	点赞之交

投资往往高风险高回报或低风险低回报。一个投资组合，常常会对这两种回报的资产做一个配比，在风险和回报中取得一个平衡。构建知识储备也是一样。我们既需要吃力地啃艰深著作，也需要厕所里刷段子；既需要深交三五知己，也需要电话簿里的泛泛之交——这些组合让我们不流于肤浅，又不至于太辛苦。

4.2 世界不是平的——信息管理能力

“知道一件新鲜事”是能让人感到快乐的，我不清楚这种快乐的源泉，但我确实能感觉到，比如明星的私生活总是让人津津乐道，或许这是根植在人类基因中的特质，那些没有求知欲/求知快感的人可能早就被达尔文溺死在漫漫历史长河中了。

但如果“新鲜事”需要消耗足够多的注意力才能理解，这种“知道”又会让人觉得辛苦。既要快乐又要轻松，是我们热爱碎片化知识的原因。无论是在手机上刷新闻，还是在游戏中刷怪，都会给人以轻松和快乐。随着科技的发展，获取新知识变得越来越容易，人就不知不觉渐渐淹没在这种碎片化中了。

英国移动技术顾问托米·阿霍宁曾做过一项调查：人们平均每6.5分钟就会看一眼手机，如果按每天清醒时间为16小时计算，那么一天大约要看150次手机。即使有些人的手机功能并不是那么先进，也会频繁地查看手机；平均每天接到、打出和漏掉22个电话，收发23条短信，还会看18次手机上的显示时间。

——英国《每日邮报》2013年12月

在愈演愈烈的碎片化中，我们的注意力时长渐渐变短，在一次又一次的刷手机中，我们不再有耐心读完一篇数万字的文章，不再有耐心看完一堂两小时的公开课视频。如此凶险的事实，却很少有人意识到——我们的时间就是我们的生命。被切割的，不仅仅是时间，还有生命。

曾经有个红极一时的话题：“为什么明明知道很多道理，还是过不好一生？”

后来这个话题被转化为：“为什么有些人看上去什么都知道，但现实中却一事无成？”话题看上去有些悲哀，后来又被治愈地转化为：“为什么有些明明一事无成的人，说起来好像什么都知道？”

先不讨论“知道很多的道理”和“可以变现的道理”是不是一回事，单从知识结构的角度讲：松散的知识点再多也只是一盘散沙，平面的、孤立的，无法给自己带来绵长而持久的快乐，也无法增加一个人思想的深度——这是“知识分子”和“知道分子”的根本差别。

广度和深度

某天我和一个朋友在学校里看到一块绿色的破布，正中间有个红色的点，我说：“那个好像孟加拉国旗哦。”他说：“是有点像，不过孟加拉国旗的红色图案不是在中间，你要仔细看。”我站在马路上现场查，发现果然不是，有一点点偏，真的是非常奇怪的国旗啊，偏那么一点，让人强迫症都要爆发了。

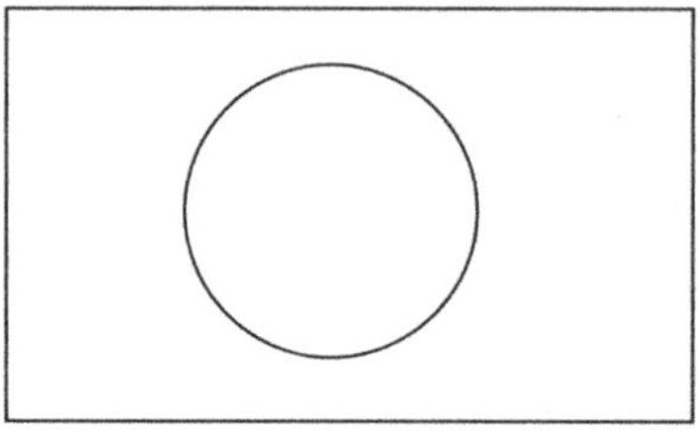

上图为孟加拉国旗的线稿。旗帜中央为红色的圆形图案，代表太阳，和日本国旗有点类似，但孟加拉国旗的底色是绿色。国旗的长宽比例为10：6，红色圆形图案的半径为旗长的五分之一，为了飘扬的时候的视觉效果，红色圆形稍偏向旗杆方向，圆心在旗帜水平二分线距离旗杆一侧宽度9/20的位置。你若不仔细看，很难发现国旗中的红日不在正中心。

后来我们就聊到孟加拉有三分之二的穆斯林，聊到阿拉伯国家，聊到中东石油国的现代化进程。

这一切对话，只是源于一块绿色的脏兮兮的破布。

如果他没有足够的知识储备，路过破布也只是一块像孟加拉国旗的破布，“哦”一声完了。知识储备丰富的人，他总能有些我不知道的存货，他眼里这个世界是很丰富的，他给人的印象也是有趣的。

但这种类似“孟加拉国旗是不对称的”“爱斯基摩人通过吃生肉补充维生素”“超市神曲《恭喜恭喜》是为庆祝抗日战争胜利而作”等知识点以一种孤立的形象存在我的脑海里，我很少拿它们和其他知识点联系起来。这样的知识知道得再多，也只是扩充了知识的“广度”，而不是“深度”。

知识结构的“广度”是一个人“有聊”还是“无聊”的关键，而知识结构的“深度”是一个人“肤浅”还是“深刻”的关键。

“深刻”与否正是“有趣”和“逗比”的核心差别。

一个深刻的人不仅仅需要知道这是什么，还要知道“这为什么是”“这和其他信息有什么关联”“这个知识点在我的知识结构中处于什么位置”。

这个知识体系纵深的程度，就是我们所说的一个人的“深度”。

还有人记得我们小时候是怎么学数学的吗？先学数字，然后学加减法，然后知道同一个数字累加可以用乘法，然后知道相同数字相乘可以用幂表示——这是一个系统造阁楼的过程。数字是小小的地基，只有学习数字的概念，才能学习加法，在地基上造一层房子，加法之上才能学习乘法，这是第二层……后来我们可能会学到微积分这幢小楼，正是由数字、加法、乘积等概念层层累积起来的：每一本数学教材的目录都是一个系统框架的一部分，带领着我们形成系统的结构化的知识结构。

后来我和这个朋友继续聊了下去，渐渐发现我们的不同。

在我的脑海中，孟加拉相关知识都放在“地理知识——南亚大陆”中，一想到孟加拉国旗，就会想到孟加拉虎——恒河三角洲——农业条件不错——人口密集——劳动力廉价——中国制造业的转移口。

而我这位朋友是个研究战争史的英国人，他把这个知识点放在“远东史——印度的分裂”中，他一看到孟加拉国旗，就会联想到巴基斯坦——印度分裂——英国作为搅屎棍在远东——英国在中东也当过搅屎棍——阿拉伯的劳伦斯——中东战乱——恐怖分子——达卡恐怖袭击。

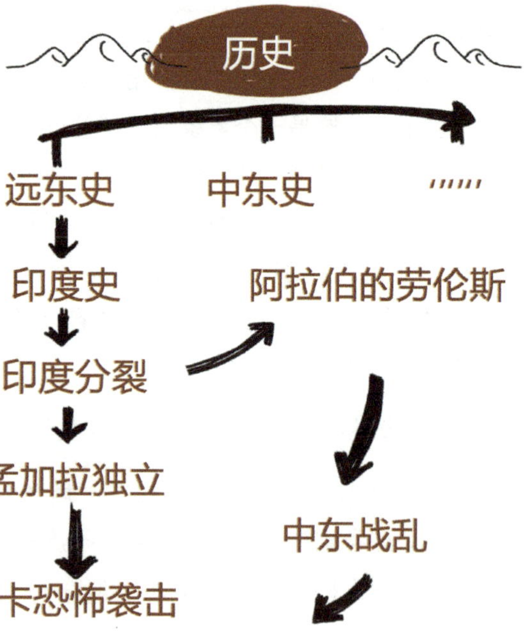

有没有发现差别？

我的关注点是平行转移的：地理——农业——制造业。

而我朋友的关注点是有个纵深的：远东当代——近代历史，中东近代历史——当代。

我的知识点是碎片化的：孟加拉虎、三角洲、劳动力、中国。

我朋友的知识点是系统的：全部围绕着“欧洲对亚洲的影响”这个主题，知识点从孟加拉出发，最后又回到孟加拉。

从这个角度说，我觉得朋友比我深刻，跟我聊天只能得到平面的片段，而跟他聊天得到的是知识的纵深，跟他聊天就比跟我聊天有趣得多。

知识结构的不同类型

如果把知识点比作砖块，那我们脑海中的知识结构就是一栋楼。有些人的楼且高且大抗震八级防风防火，有些人的楼摇摇欲坠处处安全隐患，有些人厚积薄发，有些人术有专攻——这栋楼的高度决定了一个人的思想的深度。

很多青少年会有一个阅读欲望特别强的时期，家长往往在少年读物中“乱花渐欲迷人眼”，不知道该给孩子看什么。此时最好的办法是给一套足够厚实的青少年百科大全，人文地理科技社会应有尽有，不要求孩子全部翻一遍，让孩子自己去挑其中喜欢的看。这种早期的阅读偏好往往来历不明却持续终生。我倾向于认为这是孩子先天的偏好，能标识出孩子的天赋所在。给一个小学四年级的孩子一套百科大全作生日礼物，等他高一的时候再去看看哪一本学科被翻得最破——这些信息可以用来帮助孩子正确地认识自己，为孩子选择高中文理科，或是选择大学的专业，提供非常有力的依据。

在这里，百科大全就起到了“初建知识结构”的作用，它是孩子茫茫书海中的导航，是信息储备大厦的设计蓝图。越早构建出这个结构，就能越早让人在接收信息中做到“系统地搬砖”，使信息管理的效率越早提升。

根据个人学习内容的不同，成年后每个人的知识结构会长得不太一样。

[举例]博学多才顾毓琇

这个人的履历表非常闪耀——

- 麻省理工学院电机工程学士、硕士、博士，获美国电机电子工程师协会兰姆金质奖章。
- 获世界诗人大会“国际桂冠诗人”称号。
- 创作十余部戏剧，创办上海戏剧专科学校（后来的上海戏剧学院）。
- 国立音乐学院首任院长，兼国立交响乐团团长，制定中国黄钟标准音。
- 精研禅学尤其禅宗史，出版《禅宗师承记》《日本禅宗师承记》《禅史》等专著。
- 任国民政府教育部政务次长。

如果以知识广度为横轴，以知识深度为纵轴，那这人的知识结构大概是这样的：

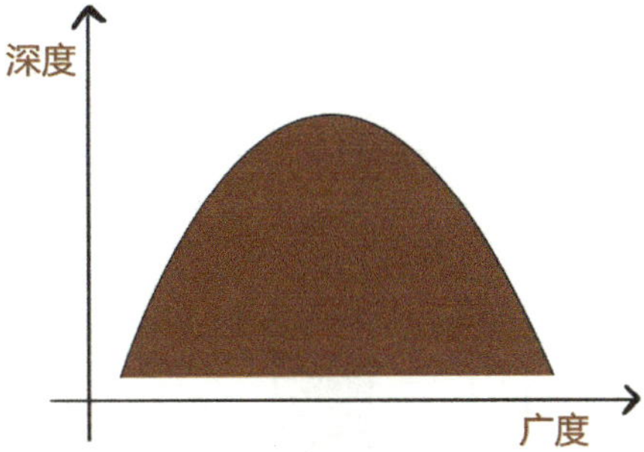

[举例]术有专攻福尔摩斯

虽然是个虚拟人物，相比上面那位大神，他的知识结构更有现实意义——

1. 哲学、天文学知识——无；政治学知识——浅薄。
2. 法律知识——关于英国法律方面，他具有充分实用的知识。
3. 文学知识——现代文学知识无，惊险文学知识很广博，似乎对近一世纪中发生的一切恐怖事件都深知底细。
4. 植物学知识——不全面，但对于莨菪制剂和鸦片却知之甚详，对毒剂有一般的了解，而对于实用园艺学却一无所知。
5. 地质学知识——偏于实用，但也有限。但他一眼就能分辨出不同的土质。他在散步回来后，曾把溅在裤子上的泥点给我看，并且能根据泥点的颜色和坚实程度说明是在伦敦什么地方溅上的。
6. 化学知识——精深；解剖学知识——准确，但无系统。
7. 音乐、体育知识——提琴拉得很好；善使棍棒，也精于刀剑拳术。

——《血字的研究 第2章》柯南道尔

福尔摩斯的知识结构看上去很杂乱无章，实际上却都是为“侦探”这个职业准备的，非常专攻。

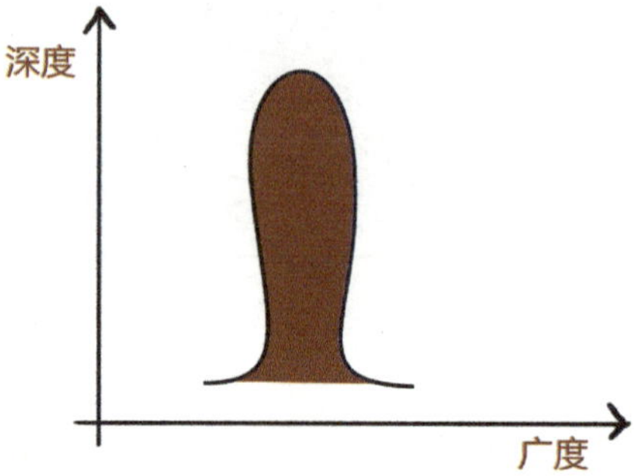

现在很多职业需要全面型或复合型人才。不论上面哪一种知识结构模式，他们把知识的大厦建立了起来，只要大厦的高度足够，不管宽广不宽广，都称得上是有效的知识管理模式。

对于当代很多以专业知识生存的人而言，稳定的知识结构非常重要，但是也有例外——

当他在帕特尼生病时，有一次我去看望他。我乘的计程车车牌号是1729，我觉得这个数字挺无趣的，我说我希望这不是一个不祥之兆。他说：“不，这是一个很有趣的数字：可以用两个立方之和来表达而且有两种表达方式的数之中，1729是最小的。”，即$1729 = 1^3+12^3 = 9^3+10^3$，后来这类数称为“的士数”（taxicab numbers）。

——哈代

这则小故事中的“他”是印度人拉马努金（Srinivasa Ramanujan）——剑桥三一学院的院士、英国皇家学会会员（FRS），20世纪最传奇的数学家之一。他具有惊人的数学直觉，独立发现了几千个数学公式和命题。他发现并证明高度合成数的性质、整数分割函数和它的渐近线、拉马努金 θ 函数，并在伽玛函数、模形式、发散级数等领域取得重大突破，做出贡献。在他过世后的百年间，不断有人从他生前的笔记中汲取思路，开启新的研究方向。

然而，这样一位杰出的数学家，却没有接受过系统的数学教育。拉马努金的数学全凭自学，他的猜想往往只有公式，没有推导。他曾因为缺乏严谨的论证被英国人称为“来自印度的骗子”。被世人当作宝藏的“拉马努金的数学笔记”也是格式不规范，各种数学符号乱用。

这是一个典型的“缺乏扎实的知识结构却获得伟大成就”的例子。拉马努金用自己神乎其神的天赋在数学领域冲出一片天地，他把对公式的理解归功于他的家族女神纳马吉里（Lakshmi的化身）的恩赐。下面就是拉马努金恒等式。

$$3=\sqrt{1+2\times 4}$$

$$=\sqrt{1+2\sqrt{1+3\times 5}}$$

$$=\sqrt{1+2\sqrt{1+3\sqrt{1+4\times 6}}}$$

$$=\sqrt{1+2\sqrt{1+3\sqrt{1+4\sqrt{1+5\times 7}}}}$$

$$=\sqrt{1+2\sqrt{1+3\sqrt{1+4\sqrt{1+5\sqrt{1+6\times 8}}}}}$$

$$=\ldots$$

相信我，这真的只是一个例外。像拉马努金这样神奇的人物实在太少见。就算是拉马努金，也有人遗憾于他的基础教育缺失，“如果他受到良好的数学教育，会有更大的成就吧！”

从“过不过得好这一生”角度讲，只要知识结构有足够的深度，就具备职业能力的不可替代性，就有获得较为充裕薪水的能力。

从“有趣不有趣”角度讲，顾毓琇类型的人在日常生活中，能获得大多数人认同他“非常有趣”，而福尔摩斯类型的人在日常生活中，只能获得少数人认同他“非常有趣”（我说的是书中的福尔摩斯，不是英剧里的），但在专业领域却会有极高的声望。

管理变化中的知识

所谓“计划赶不上变化”，知识在更新，社会环境在更新，我们也必须更新。

- 一种情况是知识真的变化了

段子：2016年的夏天，无数准高三文科生被人以深切的同情和调侃：在接连发生沙特石油战、英国脱欧、法国遭恐怖袭击、南海仲裁、土耳其政变跟着大清洗等一连串大事件之后，他们要记忆的时政内容随着历史的飞轮快速增长。

但更值得同情的是：

1. 制造黄麻的种植业者。随着化纤材料的大面积使用，植物纤维的需求量大大降低。
2. 国产PC网络游戏的开发者。页游大潮早已过去，手游大浪汹汹来袭。这些虽然都是游戏，但在开发上完全不是一个东西。

3. 纸媒从业者。2016年中，《中国青年报》《北京青年报》《京华时报》先后撤销深度报道部门。

无论是曾经红极一时的诺基亚，还是黯然破产的柯达，抑或是“去产能”背景下东三省自谋生路的钢企员工；无论是产业是公司抑或是个人，浪潮滚滚，无处可逃。这源于一个生物学论点：当大环境发生变化时，你原本对旧环境有多适应，在新环境里就有多惨烈。

- 另一种情况是知识被误读

网站Phdcomics上有张科学知识传播路线图，翻译过来大概是这样：

1. 你在“*Science*”上发表文章，结论是在“C的条件下，假定D成立，给予E的变量，那么，A和B具有相关性”。
2. 你的大学发布新闻：我校优秀科研工作者在“*Science*”上发表文章，证明A和B存在潜在的相关性。
3. XX社通讯稿：科学家发现A导致B。
4. XX晚报：A对我们的生活有哪些危害？
5. 你的朋友圈：99%的人都不知道的惊天谋杀，就在你身边！千万别再接触A了！转给身边的人！！！
6. 你身边的人：小x 啊，我跟你说，你千万不要用A哦！

信息从一开始的严谨论证，在大众传播中转了一个圈，途中不停地被简化、扭曲，兜兜转转再次回到你手上的时候，已经面目全非。尤其在现在的网络环境下，发布信息成为一件不需要门槛的事，什么人都可以张嘴就来，某些新闻你不等三天“反转期”根本不敢信——“造谣动动嘴，辟谣跑断腿”，就算跑断腿，还不一定被人看得到。所以“求出处”“看原文”是唯一令人尽可能避免信息被误读的办法。

科学知识传播路线图

- 还一种是知识学习中的辅助手段需要拆除

几乎每个接受汉语基础教育的人，都会先学习一张拼音表，zh+i=zhi，h+ao=hao。假设某个小孩就这样学习了汉语，并能说标准的普通话。十几年后如果这个孩子在靠谱的大学念了中文系，他会有一门必修课《现代汉语》，当他开始学习现代汉语发音系统时，会发现小学学的那一套拼音，其实不能代表汉语的实际发音，那只是助记符号而已。

严格地讲，拼音中的a并不是只有一个读音，如果你仔细分辨，会发现汉字“爸”（拼音ba）和汉字“小”（拼音xiao）虽然拼音中都有a，但他们的发音是不同的。现代汉语中如果要比较准确地记录拼音a的发音，就需要æ、ε、A、α、a五个音标来标注同一个字母，我们称之为“音位变体”。此时，那套最初学习的拼音法则反而会成为他学习的障碍，容易引起混淆。想学得更深，你必须忘得够快。

音位	音位变体	出现条件	韵母举例
a	æ	ü 和n之间	ü an
	ε	i和n之间	ian
	A	后面无韵尾时	a ia ua
	α	u和ng充当韵尾时	ao iao ang uang
	a	i和n之前	ai uai an

如上表，拼音中的a，在严式国际音标中有5个音位变体。认真把上边的音都读一遍，是不是感受到每个a的音开口舌位都不太一样？

我们在学习知识的过程中，为了让知识更容易被接受，有时候会使用“相对简单”但“有失精准”的方法进行初步学习，当我们学到更高深的阶段，必须像昆虫蜕壳一样把曾经的初级方法抛弃。知识不破不立，立了也会再破，再破再立，相信学习过高等数学和物理的朋友对此会特别有体会。

摆脱执念，断舍离

断舍离（日语：断捨離、だんしゃり），即“断绝不需要的东西；舍去多余的事物；脱离对物品的执着”，由日本人山下英子提出后即风靡日本，被选为2010年度日本的流行语。不仅仅是物品，对待扑面而来的杂冗信息、对待周旋纷扰的烦琐情绪，一样可以用这三个干脆有力的汉字解决。

在没有网络信息的年代，柯南道尔对知识的处理方式就有了超前的理解，他通过福尔摩斯的嘴说——

他解释道：“你要知道，我认为人的脑子本来像一间空空的小阁楼，应该有选择地把一些家具装进去。只有傻瓜才会把他碰到的各种各样的破烂杂碎一股脑儿装进去。这样一来，那些对他有用的知识反而被挤了出来；或者，最多不过是和许多其他的东西掺杂在一起。因此，在取用的时候也就感到困难了。

所以一个会工作的人，在他选择要把一些东西装进他的那间小阁楼似的头脑中去的时候，他确实是非常仔细小心的。除了工作中有用的工具以外，他什么也不带进去，而这些工具又样样具备，有条有理。如果认为这间小阁楼的墙壁富有弹性，可以任意伸缩，那就错了。请相信我的话，总有一天，当你增加新知识的时候，就会把以前所熟悉的东西忘了。所以最要紧的是，不要让一些无用的知识把有用的挤出去。”

——《血字的研究　第2章》柯南道尔

如果把信息比作砖块，那知识结构就是房屋的设计图。没有图纸，只会把砖块堆得摇摇欲坠，先有了图纸，我们才知道要什么类型的砖，要怎么摆放，要摆放到哪里。刚刚说的碎片信息，如果无法纳入房屋建造中，那就是一堆“建筑垃圾”。先有图再砌砖，所以我们也是先有框架，再去学习。

年轻人总是嘲笑某些老年人的收集癖，什么破烂都往家里搬，什么破烂都舍不得处理掉。可在碎片化信息爆炸的当下，自己对信息的处理和攒破烂的人并没有什么差别。随着收集的信息越来越多，对信息的分类梳理会变得越来越复杂，最后达到无法收拾的程度，只是源源不断被动接收，最后成为看上去什么都知道的人其实什么都知道得乱七八糟。

但“拒绝破烂”不代表“拒绝异见”，两种不同的观念一起接收，会令人更有思辨性，思想更为丰富，观念也更开阔。比如《一九八四》和《美丽新世界》一起读会有味蕾爆炸之感；《汤姆叔叔的小屋》和《飘》都是名作，却各自为两个对立阶级说话；龙应台的《大江大海一九四九》，李敖应声而作《大江大海骗了你》；余秋雨的《文化苦旅》看完，可以紧接着上一本金文明的《石破天惊逗秋雨》解解腻。

4.3 玻璃钢心——感知能力

“玻璃”往往被引申为两个意思：

1. 透明，什么东西都能看出来。
2. 脆弱，不堪一击。

现在我们说的“玻璃心”的“玻璃”，多有后者的意思，指心理上的敏感脆弱。

在不考虑生理过敏的情况下，把“敏感”和“脆弱”放在一起，细想其实很没道理。“敏感”是指对感官、情绪等的微弱刺激有觉察。“脆弱”是指抗打击能力弱，容易受伤：这两个根本不是一回事。

一个敏感的人，对这个复杂多样的世界有着细腻的观察。

最优秀的诗人艺术家，可叹伤春悲秋，必有一颗敏感的心；

最优秀的政客领导人，可见风吹草动，也必有一颗敏感的心。

敏感是一种对感觉的敏锐体察，不是不堪一击的脆弱。

豌豆公主若只是隔着二十张床垫二十床羽绒被感觉到豌豆存在，而没有浑身疼痛彻夜难眠的话，就是一个卓越的床垫试睡员，而不是矫情小公主。

不能因为一个人感觉迟钝，没有觉察到伤害，就说他是强壮吧？恰恰相反，那些得了先天性痛觉不敏感症（CIPA）的儿童，是最危险的，他们感觉不到痛，也感觉不到危险，往往做出“吃掉自己的手指头”，“烫伤”甚至“日常揉眼睛就不小心揉瞎掉”的事情来。他们很脆弱，照顾这些小病人要格外小心。

真正的强大应该是“我什么都感知得到，可是我不为所动”，即又敏感又强壮——拥有一颗“玻璃钢心”。

我们来看下最常见的三种感知类型——感官感知、情绪感知和语言感知。

感官感知

我认识一位阿姨做菜一直很难吃，难以理解做菜这种根本不算很难的事情，为何她可以做到几十年没长进。后来我发现，她不是不会做，而是小时候穷惯了，吃不出好坏，类似盲人不容易画画。

这种感知力的培养有小小的门槛。

苏东坡言：“黄州好猪肉，价贱如泥土。贵人不肯吃，贫人不解煮。”这“贫人不解煮”即指穷人不懂烹饪。这种“感觉”并不会凭空而来，也需要积累和训练，也需要知识结构作支撑，穷人没什么机会吃肉，自然没有什么机会练习肉类烹调。

人说“外行看热闹，内行看门道”。这“门道”可比“热闹”有意思多了。

- 看“门道”的人往往很会玩

没学过画画的人只能看一幅画“像”或是“不像”，“好看”或是“不好看”，会画画的人张口就来“这形就不对”；不会打排球的人看女排比赛，只能看“好球”或是“混球”，会打球的人能看出“哎哟，二传好腰！”，场外自己的腰椎也跟着不由地隐隐作痛。

- 或是会看别人玩

讨论一台冰箱制冷好坏，并不需要自己成为冰箱。职业影评人可以完全不懂怎么拍电影，但肚子里有几百部电影几十个流派打底，出口就是底气。美食家也可以完全不会做菜，只是鼻子一闻：“你这汤头吊得不够。”“菜怎么没过油？”。

或许我们没有机会天天享用最高级的菜品，但依旧可以认真对待一顿饭、一筷子菜，努力去分辨其中口味的差别。或许我们没有条件常常听音乐会，但依旧可以认真对待播放器中的一首曲子，去感受不同演奏者对同一首曲子的不同演绎，去感受同一个音乐人在不同时期的曲风变化。

随着这种有意识的差别化体验的增加，你的感知能力会从量的积累，达到质的转变。比如我的一位朋友因为爱喝葡萄酒已经考过WSET 3级执照；而我因为爱喝水已经能盲品多个品牌的矿泉水，并能区分北京、上海、杭州等多个城市的自来水水质差别——看来即使懂得同一个道理，人和人实践起来还是有差别的。

一个敏感的人，他眼中的世界会更为丰富，从一定程度上说，这种丰富杜绝了一部分单调的可能。可以把自己想象成一座雷达，拒绝迟钝，时刻准备着，把全身的传感器都打开，去看去听去品；去感受这个世界每一分每一秒的步移景换，去感受内心哪怕最小的涟漪，让世界在你心里慢慢丰富起来。

情绪感知

当我们说一个人“情商太低”的时候，往往意味着这个人缺乏人际关系的处理能力、情绪观察的能力以及语言表达的能力。其中的“缺乏情绪观察能力”，即对情绪的感知力，就是我们常说的“没眼力”“不会看脸色”。

情绪可以通过仪态、动作、语气、语速、声调、表情等多方位表达。与语言表达相比，情绪的表达具有以下几个特点。

1. 真实

相对语言表达，情绪的表达要真实得多。你说的话可以是假的，你的情绪却很难伪装。

前几年“杀人”游戏流行，这是一个训练“撒谎技”的游戏，最阳春的版本只有警察、平民、杀手三个角色参与，大家没有卡牌没有武器，除了杀手有让平民和警察玩家出局的技能，其他人都只能通过投票来决定谁是杀手。于是警察要引导舆论，杀手要隐藏身份，平民要帮助警察找出杀手，这些意图都只能通过投票前每个人的陈述来表达。

这时候人说的话十有八九是作假的，只能通过语调、语速和表情来判断陈述者的真实意图。

成为杀人游戏大神的两大要素就是“侦探级缜密思维”和“影帝级高超演技”，作为一个常年和码农打交道的人，我的同伴最不缺乏的就是缜密思维，却往往败在演技上。

谁一直言简意赅，突然就话多了，一定有鬼。

谁说着说着音高不自觉升了半度，一定有鬼。

谁眼神迷离不敢直视，或是故意直视神色僵硬，还是有鬼。

谁说话时用词犹疑不定，总是在回忆自己说过什么，必须有鬼。

同事里的杀人游戏大神，不论职位如何，往往很得人心，职业道路也发展得不错，大概就是因为他们在缜密逻辑之外，更具有“人生如戏，全靠演技”这种罕见特质吧。

2. 细腻

蹙眉，可以是“眉峰若蹙”，也可以是“柳眉倒竖”，还可以是“柳眉倒竖30度”，“柳眉倒竖20度”……在不同的场景下，差

10度可能意味着完全不同的情绪，透露出截然不同的讯息。感知力不仅仅在于感知人的表情，还在于感知人的气场。

魏武将见匈奴使，自以形陋，不足雄远国，使崔季珪代，帝自捉刀立床头。既毕，令间谍问曰："魏王何如？"匈奴使答曰："魏王雅望非常，然床头捉刀人，此乃英雄也。"魏武闻之，追杀此使。

——《世说新语》刘义庆

"床头捉刀人"未必金刚怒目气吞山河，他就是安安静静站在那里，也有人能看出其中端倪，所谓杀气。

感知力还在于感知与人交流时的细节和态度。她戴了好几年的镯子今天怎么没戴？刚刚说周末没时间的时候他为什么犹豫低头不敢看我？他说"不去"就不去，为什么平时话少的他叨叨叨了这么一大段不去的理由？有时候这些细节你自己都无法分析出个条条框框来，就是单纯觉得“不对劲”，这就叫“第六感”。

如何细腻地感知他人？方法在于“观察”。如果自己不会观察，就去看别人怎么观察。可以去阅读名著小说，看完小说，再去看行家点评，优秀的书评功力不亚于小说，比如金圣叹的71回本《水浒传》评本单看评语部分，不亚于《水浒》原文；或是追烧脑剧的时候开弹幕，会发现很多故事里你没看出来的东西。

语言感知

语言是人类表达的主要工具。

著名科幻小说家特德姜写了一篇小评论发在《科学》杂志上。他提出了一个问题：现在AI阿尔法狗在围棋上已经能完胜人类，那如果有两只阿尔法狗相遇了，他们会怎么交流呢？可以确定的是，他们一定不会用人类的语言交流，他们可以像三体人一样直接传输数据，极其高效，而这种语言信息，如果不被翻译成人类语言，就无法被人类认知。特德姜认为将来AI会成为科技的发明创造者，人类需要不断地把AI信息翻译成人类语言，成为这些“二手”知识的学习者。

语言对人类进行了何种程度的限制，我们不得而知，至少现在我们还无法摆脱语言。作为工具的语言，仅仅是信息的载体，而不是信息本身。这意味着当我们把信息翻译成语言的时候会有一定程度的偏差。

譬如我说“一块一尺见方朱红色缎子，掂在手里很有分量”，不同的读者对“一尺见方”“朱红色”和“很有分量”会有不同的理解，除非我说“一块1.122尺×1.033尺的规则矩形，颜色为RGB（255,77,0），重量为65.37g的素绉缎”——即使我这样说也是不准确的，1.122尺这种哪怕估算到小数点后100位也还是一个估值，没见真品，谁也不能“绝对”准确地判断出我说的布料是啥。

但我们做不到“绝对准确”，也并不需要“绝对准确”。当我说“一块一尺见方朱红色的缎子，掂在手里很有分量”的时候，我提供的是一份“信息域”，读者接收到的信息在“域”内，就算我描述成功。你看到这份信息，肯定不会联想到绿色的被套大的雪纺布吧？我提供模糊信息，你也接收到模糊信息。

日常这样交流没问题，但如果我是一家布料制造商，你是布料经销商，我向你介绍产品能不能这样呢？当然不可以。我必须给你样品，以保证信息准确。

事实上布料样品的城际运送是长三角小型快递公司的重要业务来源。我一度不知道那些我从来没听说过名字的快递公司如何在竞争激烈的民营物流业中生存，直到有个布料老板告诉我——企业之间送样品，即使是一条创可贴大的小布条，也比五千字布料描述来得精确。

人类几千年来就在这样的模糊的语言中交流。形容一块布尚且如此失真，形容一件事、一个人、一段感情、一份说不清道不明的暧昧情愫更是如此。为了抵抗失真，我们用模糊去还原模糊，负负得正，掩盖真实的信息；我们用潜台词掩盖台词，因为“潜”所代表的含蓄暧昧本身也是我们要表达的内容。语言表达，一方面是人类文明的制肘，另一方面也是人类将来战胜三体人的利器。

武大说道：“大嫂，原来景阳冈上打死大虫新充做都头的，正是我这兄弟。”那妇人叉手向前道：“叔叔万福。”武松道：“嫂嫂请坐。”武松当下推金山，倒玉柱，纳头便拜。那妇人向前扶住武松道：“叔叔，折杀奴家。”……“且请叔叔到楼上去坐。”……三人同到楼上坐了，那妇人看着武大道：“我陪侍着叔叔坐地，你去安排些酒食来，管待叔叔。”……那妇人欲心似火，不看武松焦躁，便放了火箸，却筛一盏酒来，自呷了一口，剩了大半盏，看著武松道：“你若有心，吃我这半盏儿残酒。”

——《水浒传 第二十三回》

潘金莲从见到武松第一面起，嘴巴不停地“叔叔万福”“叔叔上楼”“管待叔叔”……随着她憋着那股撩拨的劲儿空气中暧昧气氛越来越浓烈，一直说了39个叔叔，直到最后她说了一个“你”——这个平辈间使用的词——终于突破了叔嫂的界限，道出了潘金莲的底线。

“你”虽一字称呼，底下透着句“且抛了叔嫂这层关系，和我一起吧”。

这就是语言感知的力量，越是模糊，越是精细。

4.4 品味是做人的底线——鉴赏能力

品味是个什么东西呢？

香菱学诗，林黛玉教她——

香菱道：“我只爱陆放翁的‘重帘不卷留香久，古砚微凹聚墨多’，说的真切有趣。”黛玉道：“断不可看这样的诗。你们因不知诗，所以见了这浅近的就爱，一入了这个格局，再学不出来的。”

——《红楼梦 第四十八回》曹雪芹

对诗歌的品味从哪里来？从见识中来，从经典中来。

香菱没受过诗歌系统教育，看得少，看到什么就觉得什么好，很容易被质量一般的诗歌带着走。这时候最需要的，是有“老司机”带路，指点足够优秀又适合初学者的作品，培养正确的审美观。

“……你只听我说，你若真心要学，我这里有《王摩诘全集》，你且把他的五言律一百首细心揣摩透熟了，然后再读一百二十首老杜的七言律，次再李青莲的七言绝句读一二百首。肚子里先有了这三个人做了底子，然后再把陶渊明、应、刘、谢、阮、庾、鲍等人的一看，你又是这样一个极聪敏伶俐的人，不用一年工夫，不愁不是诗翁了。”

——《红楼梦 第四十八回》曹雪芹

黛玉给她安排的诗歌鉴赏课的教材，初阶的精读教材是王维，中阶教材是李白、杜甫，高阶教材是李商隐，更高阶的是泛读教材：“陶渊明、应、刘、谢、阮、庾、鲍等人”。诗看盛唐。林黛玉推荐的前四位诗人都是唐代诗人，文字通达，意境深远，情感真挚，措辞不俗，最重要的是风格“正统”，适合打底子，品味有保证，不跑偏。

譬如新手练字练什么？颜柳欧赵，大家风范。虽然宋徽宗和郑板桥的字也极好，但不能让新人一上来就是瘦金体，一上来就是乱石铺路体。

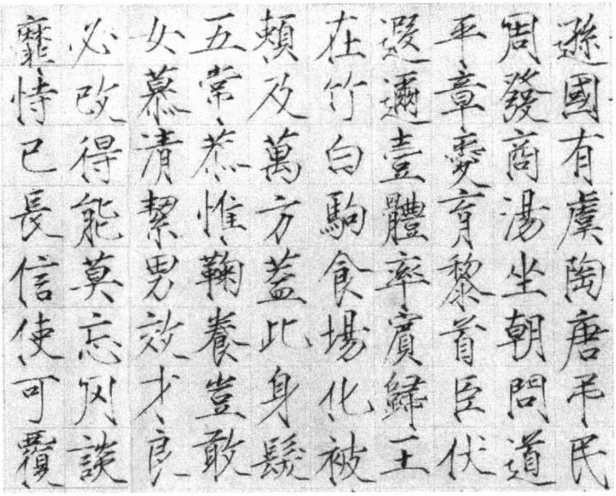

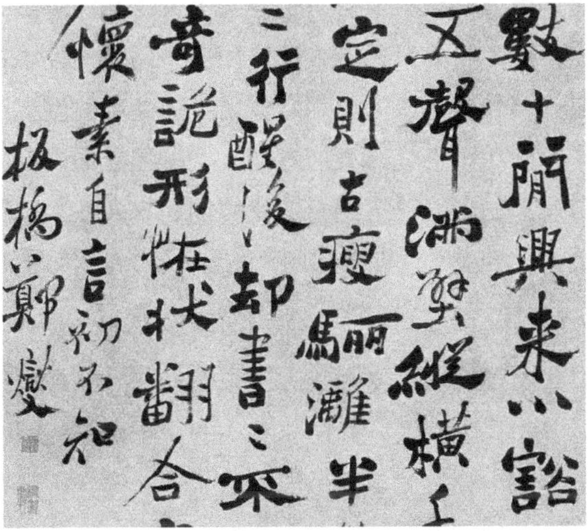

好比看文学作品，每个读者都有自己的偏好。

首先，要破除秀“优越感”的心态。

不要为了作品的格调去强迫自己读，阅读首先是愉悦的体验，而不是痛苦的。这年头愿意看书本身就需要很大的意志力——我们有那么多游戏可以打、综艺可以看、微博知乎可以刷——拿这种“痛苦”去折磨自己，太残忍。我在看《舒拉和卓娅的故事》的年纪捡到一本《复活》，只觉得满目苦寒之地，人物冗长乏味。直到大学里不期而遇《卡拉马佐夫兄弟》，才发觉自己竟然因此错过整个俄国文学。少年时代勉强阅读的《复活》，既是对自己的不尊重，也是对《复活》这部伟大作品的不尊重。

其次，对经典作品要有足够的敬畏之心。

很多书读不来，不是书的问题，是读者能力不足的问题，缺乏“从文本中获得趣味”的能力。我一度觉得西方诗歌翻译后既没有篇章上的建筑美，又没有节奏上的音乐美，语义漂浮故弄玄虚，直到大学里上了两门中文系的诗歌选修课：一门是一位德高望重的教授为我们掰开了揉碎了讲波德莱尔，另一门是一位俄文流利的教授讲普希金，讲到动情之处必原文背诵，抑扬顿挫如金石如裂帛，壮怀激烈热泪盈眶，下课不去闷一口伏特加简直无法平复情绪。我才发现，不是诗歌不够美，是我没有欣赏美的能力。

性情不同，阅读偏好也因人而异。如果大家都喜欢的小说，你就是不喜欢，不要疑惑，这太正常了。但你一定能在自己喜欢的风格里找到足够优秀的小说，并形成小小的属于自己的阅读系统。这个系统性虽小却十分重要，这是形成品味的关键，否则东一榔头西一棒子，吃完一盆变态辣的麻辣小龙虾再来一盆生鱼片，炒肥肠吃完腻得慌来一杯雨前龙井，这样吃爽是爽了，永远感受不到生鱼片和龙井茶最佳的口感。

不爱阅读的人可以从文学作品中的通俗小说读起，培养阅读兴趣。

如果风格偏细腻，《红楼梦》——张爱玲——王安忆是一条线，看红楼梦的时候扩展阅读一下《金瓶梅》，往上看往外看不要错过《源氏物语》《枕草子》。看张爱玲的时候不拘中外绕回去看毛姆，再看看《孽海花》。讲儿女情长，喜欢风格诡谲的，可以看看李碧华。同样讲建国后的上海女人，可以看苏童讲她们在大陆的一番人生，也可以看白先勇讲她们在台湾的另一番人生。这一气下来，论文风论故事，这些人的作品彼此独立又各有关联，每读一本新书，真是初见有初见的欢喜，旧识有旧识的熟悉。

如果风格偏热血，《水浒传》——《三侠五义》——金庸、古龙，也是一条线。往上可以追唐传奇——看唐传奇可以搭配余光中写盛唐的诗——甚至可以再往上追到《世说新语》、六朝笔记、《史记·游侠列传》，甚至《左传》，其中也不乏奇侠的故事。往外可追欧洲骑士小说如《堂吉柯德》、航海小说《白鲸》、海盗小说《金银岛》、冒险小说《野性的呼唤》。外国文学中把古典世界观架空的大神也有一个——托尔金，同样荡气回肠恢弘绝伦。如果把托尔金系列的时间线往后拉几千年，也有把欧洲深厚历史和科幻想象完美融合的故事——《海伯利安》。如果口味不挑，中国武侠风的科幻短篇也是别致小菜，比如许顺镗的《傀儡血泪》。

或许有人觉得上面这两组小说中的作家或作者不相干，施耐庵和丹·西蒙斯就八竿子打不着。但在我有限的阅读经验中，《金银岛》上的尔虞我诈和《连城诀》里的勾心斗角，黄蓉的软猬甲和伯劳化身穿的金属皮肤，它们之间存在某种隐秘的联系，隐秘得让人读之会心一笑。

文学阅读和语言学习在某种程度上有点相似——边际学习成本递减。你学第一门外语很辛苦，学二外会轻松一点点，当你学七外八外的时候，会比二外轻松很多。因为语言和语言之间有相似性，举一反三，学得越多到后来反而越轻松。小说和小说之间也有某些故意的无意的联系，读得越多，理解起来越是顺畅——所谓边际成本递减效应。

在网络文学盛行的当下，或有主流文艺圈觉得网文的文学性弱，格调不高。但我相信这个产业人才济济，其中定有学富五车才高八斗的网文作者写出可以传世的灿烂文章——只是这些灿烂文章被藏在太多寻常文章中难以挖掘。想高效率地抓到优秀的文章，最好往时间的长河里找，大浪淘沙，经历几十年乃至读者检验最终仍享誉盛名的，让人不容易踩雷。再者，有一定经典作品阅读经验后，再去阅读网络文学，对网文的鉴赏力也会大大提升，能更高效地挖掘、赏析优秀网文。

你若读了《红楼梦》、张爱玲、王安忆，再去看少女言情玛丽苏，自有一套对文字好坏用情深浅的判断。你若读完《水浒传》《鹿鼎记》、托尔金，再去看龙傲天，相比只看龙傲天的人，也会有一番不一样的感受——我以为这便是所谓的“品位”了。

4.5 天马行空有航线——严谨的想象力

我说有趣的本质是一场意外，一场惊喜。要产生意外的效果，最好就是为前人所不为。聊天聊八百年前的老段子，做事循规蹈矩不越雷池，难以让人有兴趣。创新的前提是丰富的想象力，或者说联想的能力。

很多时候我们认为天马行空的想象力是独立的能力，会把想象力和“突破规则”联系起来，会把“想象力”和知识对立起来。

可有意思的是，想象力最初就和规则密切相关。

想象与规则

最初的想象是什么？是神话传说。

遇到电闪雷鸣，古人无法解释这种天气现象。古代中国人认为是雷公电母在作法；古代北欧人认为是雷神索尔（Thor）驾着公羊战车奔驰而过，雷（thunder）这个单词即源于此，周四（Thursday）也是以雷神（Thor）命名，它在古英语作Thuresdaeg，意思是 the day of Thor。

人类为什么要想象出这些？因为我们希望世界是合理的，我们对所有不合理的东西要求一个解释：阿修罗罗睺追逐日神和月神，所以有了日食月食，海神波塞冬挥舞着三叉戟搅拌大海，所以有了巨浪——人类用神话创造万物背后的运行规则。

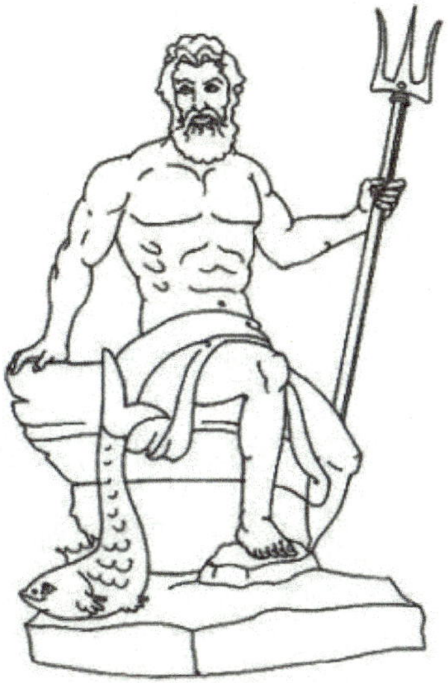

人类不会飞，假设一个四岁的儿童画了一个“会飞”的人，相比一个在地上跑的人，可以被认为是“有想象力”的绘画。如果我们细看这幅画，便可以寻找出这个想象力来自何处。

如果孩子画的人是有翅膀的，类似天使，那么他是从昆虫和鸟类的翅膀中得到了灵感，把其他生物的飞行器官移植到了人身上。

如果孩子画的人是平行飞翔的，类似超人，那么他是从飞机或是影视剧中得到了灵感，很科学地认为这种飞行方式比较符合空气动力学。

如果孩子画的人是垂直飞翔的，下面还有一朵云，类似中国神仙，那么可能是从《西游记》之类的动画片中得到了灵感，认为超能力可以让人垂直起降，或是云朵具有足够的承重力。

这些想象不是凭空而来的，它们来自对生活的认知。

这个世界上有没有凭空幻想出来的东西呢？

比如龙，在东西方都是一种幻想动物。中国人的龙，兔眼、鹿角、牛嘴、驼头、蜃腹、虎掌、鹰爪、鱼鳞、蛇身，其实是九种动物的拼盘，而西方人的龙则是蜥蜴、蝙蝠、蛇等动物的拼盘。

我一度很好奇，为何西方超人的飞翔状态是身体与地面平行的悬浮态，而中国神仙的飞翔状态是身体与地面垂直态？为何人们对飞翔有两种不同的理解。

后来我看到一个有意思的解释：超人是从地球的一个点到达另一个点，在地表移动，要用飞机类比；而神仙是在天上和人间之间移动，要用火箭类比。真是非常一本正经的回答。

所以想象力是什么？是基于已知信息的截取、拼接、重组信息的能力。

想象力的重点在于两点：

1. 截取什么样的信息组装，这决定了想象力的广度。

2. 如何有逻辑地自洽地将信息组装，这决定了想象力的深度。

优秀的想象力需要将这二者合为一体。

《哈利·波特与阿兹卡班的囚徒》中有个设定是小妖精布格特，布格特没有太大的攻击性，但是他会变成对手最害怕的样子，把对手吓走。布格特最害怕笑声。对付布格特的办法是：努力想象一些搞笑的东西，魔法师一笑，它会变得不伦不类。

小魔法师纳威练习如何对付布格特时，他把他最害怕的斯内普教授和自己的奶奶想象在一起，布格特变成了一个穿花衣服拿着红色手袋的斯内普教授。

所有人都笑疯了。魔法师们只是笑，我也觉得纳威的想象非常“搞笑”，但并没有觉得纳威的想象足够“有趣”。纳威把两个完全不相干的人组合在一起，有足够的广度，但是没有“有逻辑”地组合起来：他的奶奶为什么会和斯内普组合在一起？仅仅因为小妖精布格特的防御特性而已，这是缺乏想象片段的组装。

但这对于我们——故事外的读者而言，会觉得这是作者非常“有趣”的想象。

首先，魔法世界有属性特别的小妖精，这在故事中是合理的，小妖精的设定符合整个《哈利·波特》的世界观架构。

其次，在古代，无论是西方的骑士、日本的武士还是中国的武术家，都会用稻草人、木头人等作为教学道具进行攻击训练；在魔法世界中，技术还不成熟的小魔法师们也需要假人。作者借鉴了固有的“教学道具”这个概念，把它剪切下来，扭曲改变后，贴到故事里。布格特是一个非常棒的教学道具，用来训练小魔法师们的勇气和注意力。

由上可知，想象这个词虽然总是和“自由”联系在一起，但想象力本身，其实是非常不自由的。一个充满想象力的优秀作家创作的过程，就是一个“带着镣铐跳舞”的过程，这个镣铐就是“逻辑”。

想象与扯淡

简单说，想象是“有逻辑”的扯淡。

想象是一个使用公式计算结果的过程。根据公式，输入变量，自然而然会输出一个结果。这个公式，就是故事内在的逻辑。

如上的例子中，J.K.罗琳为了让布格特在故事中更符合逻辑，还设计了布格特的弱点：

当你要对付一只布格特的时候，最好找一个伴，他会糊涂的，该用什么形状呢，一具无头的尸体还是吃人的蛞蝓呢？我曾见过一只布格特犯了一个大错——他想同时吓倒两个人而变成半条蛞蝓，谁知一点都不恐怖。

——《哈利·波特与阿兹卡班的囚徒 第七章》

根据公式“布格特会变成魔法师最害怕的东西”，输入变量“每个魔法师最害怕的东西不一样”，很自然地就能推导出“当布格特面对很多魔法师的时候，它会不知道变成什么，从而失去攻击力”。这就完成了一个非常符合逻辑并具有足够想象力的设定。“布格特害怕人多”这个属性不是扯淡，是想象。

也有反例——

有个男人发现了一个魔法杯，得知如果他对着杯子哭泣，掉进杯里的眼泪会变成珍珠。可尽管一贫如洗，他却是个快乐的家伙，罕见流泪。于是他想方设法，让自己悲伤，以便让那些眼泪变成他的财富。珍珠越积越多，他越来越贪婪。小说的结尾是，那男人坐在一座珠宝山上，手里提着刀，怀中抱着他深爱着的妻子死于非命的尸体，无助地将眼泪滴进魔法杯。

——《追风筝的人 第四章》卡勒德·胡赛尼

这是小说里9岁的男主人公阿米尔创作的人生中的第一个故事，被他的仆人哈桑反驳到了要害——

他说，“如果让我来问，那男人干嘛杀了自己的老婆呢?实际上，为什么他必须感到悲伤才能掉眼泪呢?他不可以只是闻闻洋葱吗？”我目瞪口呆。这个特别的问题，虽说它显然太蠢了，但我从来没有想到过，我无言地动动嘴唇。就在同一个夜晚，我学到了写作的目标之一：讽刺；我还学到了写作的陷阱之一：情节破绽。芸芸众生中，唯独哈桑教给我。

——《追风筝的人 第四章》卡勒德·胡赛尼

在这个小故事里，“掉进魔法杯的眼泪会变成珍珠”是作者的公式，所有情节都必须符合这个定律。“男子想要财富”和“男子很爱他的妻子”是作者输入的两个变量，根据正常人的逻辑，输出的结论应该是“男子切了半个洋葱，流出了眼泪，变成珍珠，越笑珍珠越多，和他的妻子幸福快乐地生活在一起”。作者无视公式强行输出“男子杀了妻子，悲伤得流了很多泪”，就不符合这个逻辑了。

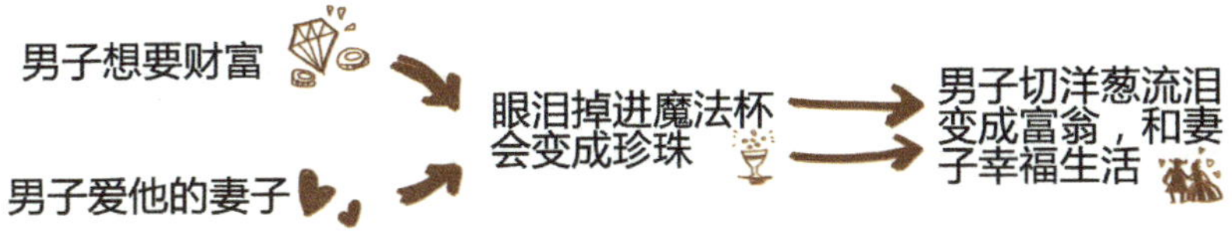

如果想要这个故事符合逻辑，可以尝试修改变量，比如把“男子很爱他的妻子”改成“男子憎恨他的妻子”，但如果这样男子就不会为妻子死亡流泪，就不会得到珍珠——修改失败；或者尝试修改公式，比如把“掉进魔法杯的眼泪会变成珍珠”变成“因悲伤而落的眼泪掉进魔法杯会变成珍珠”就合理了，但同时这个公式有剧透性质，影响了故事的可读性。

当我们说一个人具有想象力的时候，说的是这个人有修改公式并输出符合公式的结果的能力，而不是无视公式胡编乱造的能力。

农夫想象中的皇宫生活是“皇帝用的一定是金扁担”，农妇想象中的生活是“西宫娘娘摊鸡蛋，东宫娘娘烙大饼”，贾母说平民想象中的大家小姐随身永远只有一个丫鬟，“都是一个套子，左不过是些佳人才子，最没趣儿。”

早期的科幻小说，比如儒勒·凡尔纳系列，作者对于未来生活的高科技描写大多基于机械革新，小说中各种按键各种机器——因为那是机械时代的作品，想象力止步于此。后来科幻小说中的机械，大多是触屏全息屏，很少有整排整排的按键出现了。为什么？

因为我们的知识结构升级了，我们知道不需要那样键盘状的按钮出现在高科技的未来中了。或许将来我们对未来的想象还会有新的提升。而这些想象，都是基于我们对现实世界的了解。

当代著名的“硬科幻”作家，很多有扎实的理工科科班教育背景，因为他们对于科技世界的认知比普通人更为深刻，他们的想象才会更深更远，刘慈欣在《三体》中有过对四维世界的精彩描绘——

莫沃维奇和关一帆也相互看到了对方，和旁边的褚岩，他们看到的是并列出无限细节的人体，可以看到所有的骨骼和内脏，可以看到骨骼中的骨髓，可以看到血液在心脏心室间的流动和瓣膜的开闭，与对方对视时，也可以清晰地看到眼球晶状体的结构……但“并列”这个词同样可能引起误解，人体各部分的物理位置并没有发生任何变化，皮肤仍然包裹着内脏和骨骼，每个人在三维世界中的熟悉形象还在，是细节的一部分，与其它无限的细节并列在一起。

“你们的手不要乱动，不小心可能会触到别人或自己的内脏。”褚岩说，“不过只要不用力也问题不大，可能有点疼或恶心，有时还会造成轻微的感染……”

——《三体3　死神永生》刘慈欣

这种细腻逼真的想象非常合情合理，那句“手不要乱动，不小心可能会触到别人或自己的内脏”更是神来之笔。假设两个二维的纸片人，在二维空间内，他们的周长即是他们的身体表面，他们是封闭的个体。当他们站在三维空间时，表面积增加了无数倍，周长不够用了，身体被开放在三维中，很容易碰到自己的内脏——由此推断三维人在四维中也会遇到同样情况。

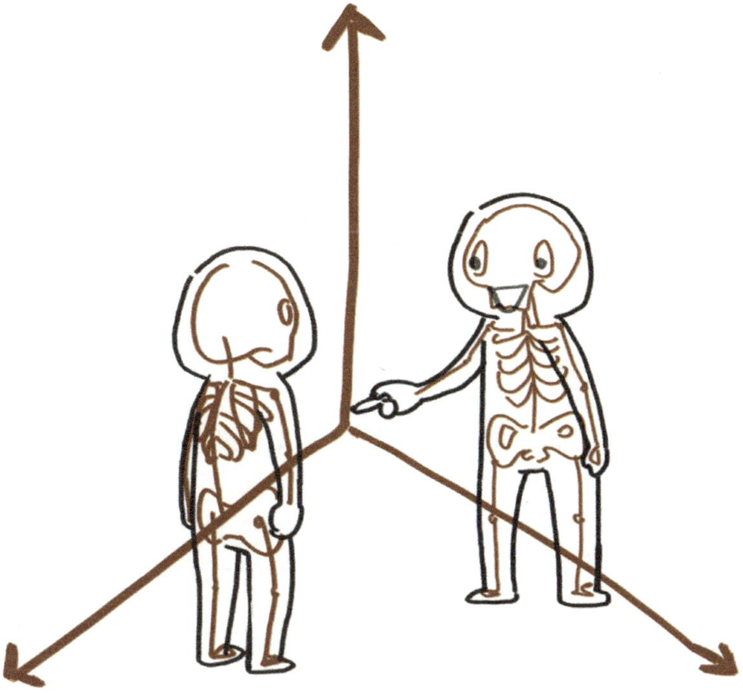

当代有一些野生儿童教育“砖家”，建议在幼儿学习的早期，少教育孩子知识，以开发孩子的想象力。这种把知识和想象对立的观点非常狭隘。我们常用“天马行空”来形容想象力，须知天空虽大，天马虽快，“行空”还需航线审批。最好的想象力，是在丰富知识下逻辑自洽的想象力，越多知识，越多想象。只有填鸭式机械灌输的知识、教条式死板被动的知识才会让孩子失去想象的空间。当你真正对知识感兴趣并不断探索时，丰富扎实的知识结构会构成想象力坚实的骨架。

第 5 章
chapter 5

有趣是一种态度

技术需要学习，而态度你只需要认同，是不是要轻松很多呢?

5.1　没有不努力，只有值不值——同理心

同理心的匮乏是一个很常见的现象，而且是一个很难自知的现象。

世上只有妈妈好
没妈的孩子像根草
离开妈妈的怀抱
幸福哪里找

——《世上只有妈妈好》歌词 蔡振田

这首歌我小时候经常能听到，一直没觉得有什么问题。直到成年后一个朋友说她很讨厌这首歌，她母亲难产过世，她小时候一听

到这首歌脑中就重复着歌词没有办法停下来："没妈的孩子像根草……没妈的孩子像根草……"

写歌的人或没什么问题，但在公众场合、幼儿园公开放这首歌的人其实就是缺乏同理心了。

同理心（Empathy），又叫作换位思考、神入或共情，指站在对方立场设身处地思考的一种方式，即人际交往过程中，能够体会他人的情绪和想法、理解他人的立场和感受，并站在他人的角度思考和处理问题。

学者Rogers描述同理心具有三个成分。

1. 情感的：感同身受他人的情绪和感受。
2. 认识的：正确了解他人的情绪和感受。
3. 沟通的：正确传达对这种情绪和感受的了解。

很多时候我们自第一步就发生了问题。

尺度差异

每个人对感知结果有不同的评价尺度。

一个德国朋友觉得普通市场的胡萝卜很辣，另一个杭州朋友觉得老干妈辣到哭。后来我去一个澳大利亚人开的泰国某餐厅，服务生问我要多少辣，我想我可是吃遍成都不眨眼的人，低调地点了个中辣——后来全程我处于味觉失灵状态，只记得吃得涕泪纵横，隐形眼镜哭进冬阴功汤里，妆花了一脸。

有一种甜，叫台北的"非常辣"；

有一种辣，叫成都的"没啥味道"；

有一种中杯，叫星巴克的“大杯”；

有一种热，叫“你妈觉得你冷”。

微博超人气大V @博物杂志 在千年置顶中说，他帮人鉴定动植物有几大忌，其中之一是“不鉴定市场蘑菇以外的蘑菇”；其中之二是“不鉴定云南市场的蘑菇”，所以——

还有一种眼花缭乱，叫云南人吃蘑菇。

我曾在新浪微博发出一则关于“童年的洗澡水为什么那么烫？”的提问，引发许多人的共鸣。

——“烫什么烫！这水还是凉的！”

——“细皮嫩肉的！不用力怎么搓干净。”

这里父母的同理心就卡在第一步。

父母以自己的身体接触水，来判断水的温度。却不知道儿童的皮肤对水温的敏感度远远高于成人。澳大利亚威士兰儿童医院建议将幼儿洗浴温度控制在37℃～38℃，Mayo医学中心建议幼儿洗浴温度不超过38℃，人体的体表温度一般低于37℃，这些温度对孩子来说是刚刚好的温热，对相对皮糙肉厚的大人来说显然是“不够爽”。

由上我们可以知道：人对事物的感知有着不同的尺度，感受器官不同，感受结果自然也不同。有时候这个感受器长在人的皮肤上，有时候这个感受器长在人的心里。

低龄儿童常常为自己的玩具假想一个人格。在一个5岁孩子的眼中，心爱的玩具是他最爱的小伙伴，父母是他最信任的人。最爱的小伙伴被最信任的人夺走送人，简直惨无人道，不亚于30岁的成人发现自己的另一半和好友劈腿。

痛苦尺度对照表

5岁孩子	30岁成人	痛苦指数评估
今天的动画片放完了	汽车限号	1
妈妈不让吃冰淇淋	做一场常规手术	10
打针	被老板炒鱿鱼	100
心爱的玩具被父母送人	另一半和好友劈腿	1000

快乐和悲伤，都不是一个绝对的概念，它们是相对于我们内心的感知尺度来定义的。当我们意识到这一点时，就会对他们的境遇抱有更多的理解和认同。

某天一个土豪同学约我喝茶，对话如下——

壕：“有时候特别佩服自己，以前那么辛苦。”

我：“当年你爸把你送到美国……”

壕："那时候最辛苦，语言不通，每天放了学还要上两个小时口语私教。我那里中国超市不多，保姆用日本酱油做中国菜味道可怪了。还好我都熬过来了。"

我："真是了不起！"

壕："第二年暑假我回国参加社会活动，去支教，整整10个小时的硬座，我那时候想啊，这种苦我都能忍，还有什么是我忍不了的？"

我："好能吃苦好能吃苦！"

壕同学表情真挚，语气沉痛，她是真心实意觉得自己吃了不少苦。我必须认识到：作为一个蜜罐子里泡大的小公主，这些对她来说的确很辛苦——否则呢？人家买了单，当然不能反驳她。

以上都是很直观的尺度差异，还有一类显得比较隐蔽。比如这个问题——

一个支持男女平等的女性，在相亲时要求男性收入比自己高，这算不算性别歧视？

我不赞同唯收入测评异性。但一定要怼收入的话，男女应该按性别分表排位，在各自的排位表中给自己找定位。举个例子：假设在有结婚意愿的人群中，全国收入前10%的女性月收入6千元，现状下月收入前10%的男性肯定高于6千元，我假设是8千元。那一个收入6千元的女性要求找月收入8千元的男性，非常平等。

同类型问题1：女性相亲时普遍要求男性身高比自己高，是不是歧视？不是。

同类型问题2：女性相亲时普遍要求男性有房，是不是歧视?

答：不是。我不赞同唯房产测评异性，但一定要怼房子的话，现状是有结婚意愿的群体中，男性“有房”或“预备出资购房”的比例比女性高。假设前5%的未婚女生名下有房或预备出资购房，前30%的未婚男生名下有房或预备购房，那一个自我感觉前20%的女生，没有房，却要求男生有房，也是平等的。

供需关系明明白白摆在这里，你怎么要求用爱发电、反对拜金都是没有用的，必须从根源上解决问题——就是“平衡两性排位”。如果有一天，我们能做到：

1. 两性收入差距非常小。
2. 两性婚前房产拥有率非常接近。
3. 两性适婚人口数非常接近。

那最初的问题就自然而然不存在了。

所以今天你看到女性要求高，恰恰是女性的弱势地位决定的，是两性财产所得的尺度差异造成的。“女性要求高”是结果，不是原因，原因在于“女性为什么平均收入比男性低”，“女性婚前房产所有率为什么比男性低”，这才是值得人们去思考和改变的。

此外，有意结婚的两性人数差距会造成的供需差别，这种差别会大大影响人们对配偶的期望。假设我们在一个小社会样本里，其中人和人的感情和其他变量一致：

里面有意结婚的男性1000人，女性800人，那就只有排名前800位的男性有排位资格。这800位里的前10%——即实际“男性排位8%”才和“女性排位前10%”对等。这进一步提升了女性对男性的期望。一些男多女少的村庄因此出现天价彩礼现象。

相反的情况也成立。譬如在一些三四线小城市，经济尚可温饱不愁，但发展缺乏潜力，年轻人中有一部分愿意出去打拼，有一部分选择留守。由于种种传统观念的影响，在留守的人群中，女性比例往往高于男性。这导致供需关系发生变化，女性对男性的期望被迫降低。小城姑娘会在相对早的年龄面临比较大的逼婚压力。

信息缺乏

我和壕同学的对话在继续。

壕："王小圈，真的只有你懂我。我今天有这些成绩，都是自己一步一步苦出来的，他们凭什么说我靠爹妈。"

我："你家里给你付了学费……"

壕："对啊，他们只给我付了学费而已。没有我自己的努力，我考得了SAT，考得了托福吗？没有我天天努力学习，美国的大学毕业那么容易吗？他们除了替我报中介找推荐信付学费，其他什么都做不了，能替我考试吗？能替我熬夜吗？能替我写作业吗？书还是得自己念的，你说对不对？"

我："自己念自己念！"

为什么很多二代会觉得自己全凭能力不靠资本呢？这是个好问题。

我们会觉得父母辈为下一代提供资源，是在为下一代的人生做"加法"。仔细想这是不对的。下一代饭还得自己吃，书还得自己念，只是吃饭吃得更好更容易，念书念得更有效率，所以资源的继承不仅仅是“加法”，还是“乘法”——孩子还得自己努力，但他的努力可以获得更高的效率，四两拨千斤。

比如，某些人可能每天做到7点起床去上学按时做作业就可以捐个大楼进藤校，但另一些人每天5点起床翻山越岭去学校苦读最后中专都考不上——前者还是努力过的，努力7点起床也是努力啊。

由此看来，我们经常说有些人“把孩子生在终点线上”其实是不够准确的，应该说“把孩子生在超光速跃迁通道上”，轻轻一动，嗖地就没影了。

因此这位壕同学把自己树立为“努力进取”的好少年，很是看不起不好好念书的普通人，觉得他们不努力；也看不起不积极进取的上班族，觉得他们缺乏进取心。

她不知道一个人如果自幼留守乡村，被隔代照顾，很难养成良好的学习习惯；她不知道一个人一旦没有好习惯好底子，高年级学习就会吃力；她不知道一个人吃力地学习就会失去对于学习的兴趣和自控力；她不知道这种情况下一个人面对激烈竞争的高考很难保证有多少斗志。

她不知道告诉一个高考大省普通高中的小孩“你必须考上好大学才有前途”和告诉一个城市千金“托福考到95，爸爸就送你去美国”，这两种激励机制是不能类比的。

她不知道爸爸甩手500万元给她创业所激发的进取心，和月薪一万元的上班族看着上海房价产生的进取心，也是不能类比的。

她不知道普通人的生活轨迹，就无法对普通人抱有理解。

在这一点上美国女作家芭芭拉·艾伦瑞克就做到了足够诚意。

1998年，美国各种“改变人生”的鸡汤泛滥。人们宣称：“在美国，不论哪里，只要努力工作，就能有美好生活。”具有博士学位的社会活动家芭芭拉隐瞒最高学历，加入美国最底层的职业，开展了一场为期三个月的社会实践。她先后当过女招待、旅馆房务员、清洁女工、看护之家助手以及沃尔玛的售货员。

某次她看到一个女招待去住汽车旅馆，她很不理解，按天计算的汽车旅馆的价格比按月计算的公寓要高多了。女招待说：“我上哪儿弄一个月的租金和押金去租公寓？”在美国很多房子不需要押金，但是需要房客提供收入证明，若收入没有达到租金的一定倍数，就不愿出租；而不需要收入证明的房子，往往需要一笔不菲的押金——这些，底层劳动者都无法提供。

看似不合理的现象背后有着它无法反驳的原因。芭芭拉将她的经历写进纪实书籍《我在底层的生活》（*Nickel and Dimed*）中，深入探讨“穷忙族”的生存困境。这本书盘踞美国商业类畅销书排行榜长达十年，为美国主流意见者了解底层生活打开了一扇门。

这几年总是听到这样的话：“穷人就是好吃懒做”“有手有脚怎么把日子过成这个样子？”“去做装修工么一个月七八千肯定有的”“她穷怎么不去做月嫂？”。说这种话的人大多收入在中位数附近，他们既看不到上层，也看不起底层。他们对底层不具备同理心，和我那个壕同学又有什么分别呢？

他们不知道对于真正的穷人而言，努力活着就已经费尽力气，贫困山区一天到头辛勤劳作，大太阳下除草、大雨天排水的农人，是好吃懒做吗？在劳动力市场上兜兜转转干一天算一天打零工的人，是好吃懒做吗？天天在井下卖命挖矿的人，能通过努力挖矿成为煤矿老板吗？他们可能没有接受过足够的教育，没有接触这类信息的能力，他们不知道装修和月嫂在务工者中算高收入，更不知道从哪里可以接触这个行业的人。

同样，演员一天拍戏18个小时，连续几天通宵，算很努力吗？

我只想说，如果你给我一部戏几千万元，我可以豁出半条命。

这世上哪有什么努力不努力，只有值不值。

知识诅咒

1990年，一位叫伊莉莎白·纽顿（Elizabeth Newton）的斯坦福大学心理学研究生，以简单的游戏说明了知识的诅咒。她做了一个游戏实验，在游戏中指定参与者分别扮演两种角色："敲击者"（tapper），或"聆听者"（listener）。每个敲击者自选一首耳熟能详的歌，如生日歌，然后在桌上敲出歌曲的节奏。聆听者则猜测是哪首歌。

纽顿的实验总共敲击了120首歌，聆听者只猜出3首，成功率为2.5%。但在聆听者猜歌曲之前，纽顿要求敲击者预测聆听者正确猜出的概率。当时敲击者预测成功率是50%。敲击者传达讯息给聆听者的成功率只有四十分之一，但他们预测的比率是二分之一。为什么？

说者清楚，听者模糊。当敲击者敲击时，他心中一定会伴随着那首歌的旋律。可是聆听者听到的只像是某种奇怪的"莫尔斯通信密码"。敲击者很讶异，聆听者要猜出曲调是那么的吃力。

问题是，一旦我们已经知道某个东西（例如一首歌的旋律），就很难想象不知道它的情形。我们的知识已经对我们下了"诅咒"。我们很难与他人分享我们的知识，因为我们无法随时重建他们的心智状态。

——《哈佛商业评论》2015年12月

这个观念最早由Robin Hogarth提出，指出当一个人有很高深的知识时，他通常失去对没有相同知识的人感同身受的能力。Hogarth 先生提醒知识分子要有敏感同理心，才能将理念有效地沟通。

举个典型的例子——

当你教年迈的长辈使用电脑和智能手机的时候，脑中是不是会有这样的问题：“这个你怎么不知道？”义工活动中，我教老人家用手机会让我元气大伤。我永远无法明白为什么用微信发个图这么困难？为什么你搞不清楚如何给文件存档？

对我而言非常基础的可视化操作，对没有任何电脑使用基础的老人而言难过天。我依稀能记起自己第一天在课堂上打开DOS系统电脑时的战战兢兢，我依稀记起举手问老师“为什么密码输入显示不了输入的字母，只能显示***”时的啼笑皆非；但因为“知识诅咒”，熟练使用电脑的我已经失去了对电脑小白感同身受的能力。

我必须时刻提醒自己“知识诅咒”的存在，以让自己在老人家反复咨询问题时艰难地保持耐心。

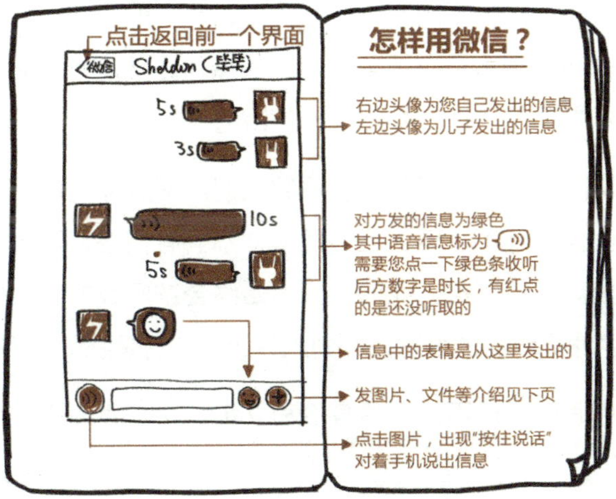

尺度差异、了解匮乏、知识诅咒，这些现象阻碍着我们去感受他人的感受，理解他人的境遇。几乎所有社会小矛盾都可以用双方或者其中一方缺乏同理心来理解。

我一度无法理解长辈们奇怪的价值观，他们希望我找一个安稳的工作，考公务员，嫁人，岁月静好一辈子。在我千辛万苦考上皇粮岗位又辞职后，他们爆发了有史以来最大的愤怒。我有手有脚有offer，为什么不能去做自己喜欢的事？

我试图让他们理解我，却没有试图去理解他们。

长辈们出生在新中国成立之前，在他们最爱念书的年纪赶上了上山下乡。在他们年富力强的时候，被安排了远离家乡的工作，生活颠沛流离；好不容易稳定一点点，赶上了下岗，自谋出路。他们一生追求的就是一口安稳的饭，希望每天能睡在家里的床上，醒来家人都在身边，厨房的锅冒着咕嘟咕嘟的泡泡，不用担心明天会不会下岗、会不会搬迁——他们觉得这是最好的日子，希望我也能过上。

而我呢，我出生于闭塞宁静的小城，年少的我向往着大城市的五光十色，向往车水马龙纸醉金迷。我热爱运动，精力充沛，我喜欢充满活力的新兴产业，喜欢远方的生活，喜欢未知的世界。

我不认同长辈们，但我可以理解他们。理解他们以后，所有的不认同，就仅仅是不认同。因为理解，不会有愤怒，不会有怨恨，不会有剑拔弩张的气氛。我的人生，始终会按照我的意愿去做，但是我一样谢谢你对我的好意，并到此为止——这是我的同理心。

人很难假设自己不知道的身份和立场，这是同理心最最难的地方。

我曾经非常不理解为什么古代当婆婆的会比当公公的更想要“孙子”，婆婆作为女性长辈为什么对孙辈性别有着比男性长辈更强烈的偏好？

仔细想可能是这样——

如果你把自己置身于那个时代，在那个时代的环境中接受那个时代的教育，你一样会对子嗣的延续产生强烈的执念，你嫁人后会被改姓，你希望家族姓氏能够代代相传。

假设你是女生，嫁人后生下了儿子，那就意味着你为这个家族的香火延续做出了重大贡献。然后你辛辛苦苦把儿子养大，你看着他娶妻。这时候香火继承的工作就像接力棒一样被传到儿媳妇手中。如果儿媳妇生不了儿子，这不仅仅是她个人接“香火任务”的失败，更是把你作为婆婆几十年的努力和幸运（有儿子）一笔勾销。

一个人花几天拼的模型被人毁了，都会急怒攻心大发脾气，更何况几十年的辛苦毁于一旦？所以婆婆着急媳妇生儿子，是因为害怕她自己“生儿子”这个贡献被清零。所以那个环境下，婆婆更在意孙辈性别。

同理心并不能让我们对这个世界多几分认同，却能让我们对这个世界多几分理解，以减少戾气。我有同理心，不意味着我愿意妥协，但同理心能让我在保持立场、保留意见的同时，最大化平复心情，看清真相，保持心情。

5.2 我不是一个随便的人——个人特质

人和人不一样。有些人只因当初在人群中多看了一眼，今生今世就再也无法忘怀；有些人相处多年日日照面，你却依旧记不起他的模样。一个有趣的人，不一定美，不一定活泼，不一定是全场焦点，不一定有卓越气质，可是你见过就印象深刻——我称之为“鲜明的个人特质”。

何为个人特质

个人特质简单说就是“跟别人不一样的地方”。例如——

- 有爱好，有特长；人无我有，人有我优

爱好和特长虽然简历上总是在一个框里填写，但本质却是完全不一样的。爱好代表一个人的兴趣所在，特长则代表一个人的能力所在。能力和兴趣可以完全是两码事。如果你想让自己觉得这个生活挺有趣的，那么去找乐子发展爱好；如果你想让别人觉得你挺有趣的，那么去培养能力发展特长。娱人还是娱己，需要分清。

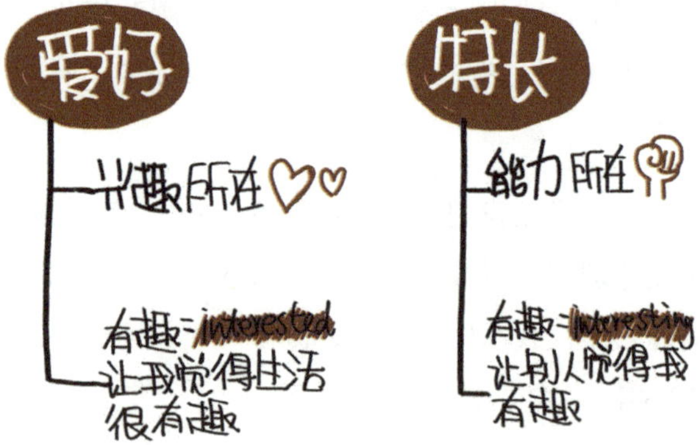

我有个小姐姐从小就喜欢阅读和写作，很早就在报刊上发表小

说作品，她坚信自己有写小说的天赋。直到后来她看到著名作家少年时期的作品，她才意识到之前是自己想多了。

小孩子喜欢读书的人不多，喜欢写作的人更少，她因为喜欢写作，就有了更多的机会练习写作，就能培养更多的写作能力，这是因为她写得多而已，跟天赋没有太大关系。她不是喜欢写作，而是喜欢被人认可的感觉——虽然她意识到这一点的时候已经在大学读文学专业了。

她小学里被老师选入过学校奥数班，然而她不是很喜欢数学。周围所有亲戚长辈都说“女孩子数学不容易好”“女孩子以后数学跟不上”，说得多了，她也有些犹犹豫豫地信了：“我不擅长数学的，我只要能保住分数就好。”作为一个小学霸她数学应试成绩一直不错，中高考数学都是满分，但她依然畏惧。直到她毕业后阴错阳差，某次接触到数据相关工作，她的领导说了一句：“你对数据处理很有天赋”，从此跨行。这句话对她的震惊不亚于她发现自己没有写作天赋时的震惊。

后来她一直在广告公司做市场数据的分析工作，整个公司的广告方案都严重依赖数据分析结果对市场的解读——这和传统广告行业很不一样。她戏称自己是“做量化”的。她和数据挖掘工程师、服务器程序员打交道，指定数据采集和分析的方案，并负责把处理结果落实到市场面。她常说：如果高中学理科就好了。

这就是一个兴趣和能力错位的人生。如果我们一开始就能认清爱好和特长的差别，对职业道路和业余生活的自我管理都会变得轻松一些。

很多觉得生活无趣的人有一个共同点：没有爱好。

爱好是一个让你全心全意忘我投入并乐在其中的东西。有些人不知道自己喜欢什么，上班下班，两点一线。要知道并不是所有人都能幸运地把爱好当作工作，对很多人来说，上班只是一个赚钱的路子，花时间换钱，下班后才是人生真正的开始，是放飞自我的时光。没有爱好的人生，万一工作不顺利，很容易觉得心如死灰了无生趣。将来若是退休，也很容易找不到生活的意义，很有可能把注意力全部放在子女身上，整天紧张兮兮。

很多被人觉得无趣的人有另外一个共同点：没有特长。

他们不知道自己擅长什么。和爱好一样，或是限于家庭环境，或是囿于刻板印象，很多人没有机会去发现自己擅长的东西——比如刚果长大的小孩无法发现自己擅长滑冰，比如我无法发现自己擅长花钱。

如果把一个人的知识面粗略比喻成一个圆的话，爱好就是圆上凸起的角。

类似这样：

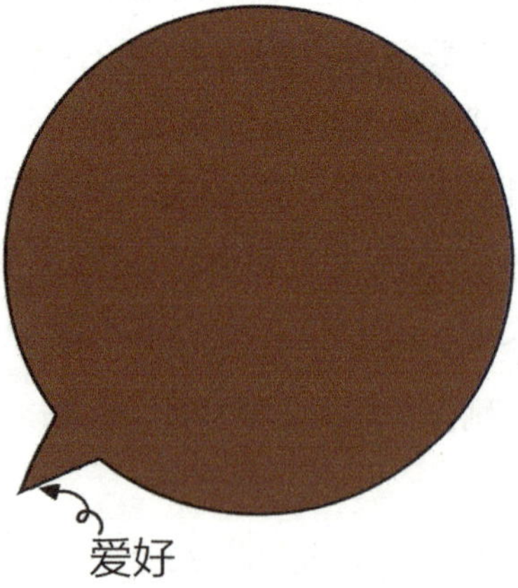

然后就会变成这样：

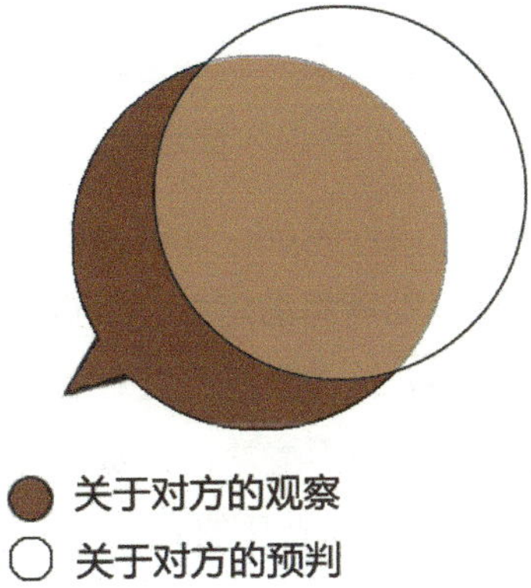

有没有发现上图深色部分的面积增加了？嗯，你的有趣值又上升了。

张岱说："人无癖不可与交，以其无深情也。""癖"这种东西，能见人情深之处，拥有一个或多个"癖"，可以让你有更多机会超越对方的期待，有更多惊喜，从而显得更有趣。

• 有特点，有辨识度

在一些表演类的竞技体育中，国际一流运动员在技术难度和艺术表现力之外，还非常追求"个人特质"的体现——即"和其他运动员不一样的地方"。俄罗斯体操女皇霍尔金娜，164cm的她在一群一米五不到的小姑娘间鹤立鸡群。日本花样滑冰中二少年羽生结弦，有着一副特别纤瘦的小身板，解说员说："他有一个顶级运动员梦寐以求的优势——他一晃过去你就知道是他。"

两位运动员与众不同的身材，为他们的艺术表现力增添了独一无二的个人风格：霍尔金娜大气优雅，羽生结弦纤细柔美。中国体操运动员江钰源在体型上没有太大特色，但她表情生动，动作活泼，韵律感非常强，她的自由操表演充满了青春少女的明媚气息，在一批严肃脸紧张脸中格外出众。这些运动员是如此特点鲜明，你只要看过一次他们的比赛，就再也无法忘记。

模特吕燕有着硬朗的面部轮廓，杜鹃没有流行的欧式双眼皮，演员李倩绝不愿意去点掉她嘴角的痣；邱淑贞下巴短，因而俏皮；梁小冰鼻子低，分外温柔。这些环肥燕瘦各有千秋的美女让我印象深刻，而网红脸总令人傻傻分不清楚，比如下图的2016年韩国小姐选拔。让人记住的，总是有个人特质的人。

- 有缺陷，无伤大雅

张岱还说了一句话，“人无疵不可与交，以其无真气也”。人没个小缺陷，各种高大上的，显得太假，没人味。很多人心中都会有个男神女神吧，你觉得“神”什么时候是有趣的？是篮球命中还是奖学金第一？是年会颁奖，还是演唱会大卖？

都不是。“神”有趣的时候，往往是他脱离神格，变成“人”的时候。

他在球场摔了一跤，他考试前夜通宵看球，她跟客户吵架眼圈红红的时候，她明明是演员大咖偶尔还会羞涩的时候——“有趣”的时候，是他有“人味”的时候。

有趣不是完美，是真诚，真性情，高兴了笑，不喜了哭，有血有肉。但这些真诚都是在与人无伤且无伤大雅的范畴内，不是高兴了癫狂不喜了撒泼，也不是分内的事情失职。

一位演奏家在音乐厅内忘了谱，这属于工作失误，类似车祸现场，不是有趣。

但一个偶像歌手在演唱会忘了词，属于无伤大雅的瑕疵。

这不是双标，只因演奏家的职责在于“呈现艺术”，偶像歌手的职责在于“娱乐大众”，前者会让观众觉得水准大跌；后者会让观众觉得值回票价，莫不奔走相告：“×××超级呆萌！”

选择与自由

每个人身边总有几个这样低调的人——

点菜他总说“随便”，问他看什么电影他说“看你”，问他去哪儿玩他说“都好”，这样的人或许不讨人嫌，但很难让人记住。当你回忆起这个人时，他是一团没有棱角的模糊，是一块没有对比度的杂色，是丢到人群里再也找不出的那一个。

这种人看似随和，实则没担当。

选择，是一种权利；相对的，有选择的权利，就有承担结果的义务。选择的结果可能好，可能坏。如果结果好，没问题；如果结果坏，做选择的人就会后悔、懊恼。

他怕自己点的菜上来后不好吃，怕自己挑的东西回头后悔，怕自己选的电影不好看。他怕承担这些风险，于是主动放弃了选择的权利。这样即使吃到糟糕的菜，他可以对自己说：“这不是我选的，不用懊恼。”

有时候人缺乏的就是这个选择的机会：一个食不果腹的留守儿童若喜欢马术、高尔夫、大提琴，他很有可能一生一世都没有机会去发现。

很多爱好是要花钱的。人不喜欢张口闭口就谈钱，然而钱不愿意放过人。

我小时候有一段时间很喜欢音乐课教的口琴和竖笛，被高瞻远瞩的家人问："要不要学小提琴？"当时我完全不知道小提琴是个什么东西，就说："我想试试。"家人说："不可以试哦，琴很贵的，报班也要好几百，你不可以今天想去明天不想去的，想练就要练好。"

我给了他们一个问号脸。我怎么知道我喜欢这玩意儿？买衣服不喜欢还可以退货呢，凭什么我报了班就一定要学，万一不喜欢了呢。

于是我放弃了一个本可以成为肤白貌美气质少女的机会，继续在家里呜呜咽咽吹口琴和竖笛。

后来我在小学运动会上拿到跳高和铅球这两个画风迥异的冠军，教练问我想练什么。我选了排球。这时候我有了选择，并且是在信息量足够下的选择。

排球这个爱好一直伴随着我直到大学结束，中间经历过枯燥的基本功练习造成的满手青紫，经历过力量训练时摔伤骨折，哪怕忙到睡觉都没时间，我都没有放弃过——因为喜欢啊，有选择的喜欢是真的喜欢。

所以我理解那些一开始给孩子报十几个兴趣班的家长，他们不一定是在培养“全才”，而是在“试错”，类似管理培训生轮岗，或是测试过敏源，方便孩子找出他最喜欢的东西。

我的一位长辈张口就是“你们没有经历三年困难时期，也没有上山下乡去插秧，你说你吃过什么苦？”

可是，饥荒不是绝食，是你无法选择就遇到了；上山下乡不是村官选调，是你不得不去——你的经历都是外界施加给你的，不是自由选择的：这就无法彰显你本人的意愿，更不能彰显你本人的人格优势。

我回答他：“我自己考大学，自己找工作。”

我们这一代人面临了太多的选择。选择多责任也多，本着对自己下半辈子负责的态度，我们艰难地为自己做决定：我要好好念书而不是混过高三，我要勤勉工作而不是得过且过。我在零度的杭州选择6点半起床，坐在没有暖气的自习室刷一天卷子；我在22楼的深圳选择加班到凌晨四点，只为把工作更加优化。

和那个长辈比起来，我们这一代更自由，也更需要担当。大到选大学选工作选对象，小到选菜单选电影选目的地，我们终于可以说出自己的意愿、表达自己的需求，这是来之不易的自由。

如果说我们花出去的每一分钱都决定了这个世界是什么模样，那我们的每一个选择也决定了我们自己是什么模样，以及我们自己在他人眼中是什么模样。

如果因为害怕承担责任而去做一个“随便”的人，那一个个“随便”会让人在漫不经心中流失其独特的个人特质，成为芸芸众生中面目模糊的剪影。

5.3 我打起脸来自己都怕——自嘲

一个有趣的人，往往给周围的人带来笑声。但笑声和笑声之间大不一样。某些人觉得夫妇结婚当众做香蕉俯卧撑很好笑，或者给男方家长穿女式内衣画乌龟游街很好笑；某些人甚至觉得取笑残疾人很好笑。

在第2章里，我提到“人类是一种喜欢秀优越感的动物”。人类针对外貌的审美标准，本质上是源于对优越感的展示，通过展示自己来“秀优越”，给自己带来快乐。相对的，通过取笑他人也能“秀优越”，带来欢乐。只是这样“看笑话的”是笑了，“被笑话的”就不那么愉快，容易引发纠纷。既然如此，不如自己笑话自己，娱乐对方。

自嘲是幽默的一种，这方面英国人很擅长。英剧《是，大臣》和续集《是，首相》花了整整4年时间来嘲讽英国的政治体制，英剧《小不列颠》则无须多言，从影片名就可以看出浓浓的自嘲意味。

须注意自嘲不是自卑不是自谦，更不是妄自菲薄自轻自贱，这是一种与人无伤的幽默，一种自信到骨子里的放达。我把自嘲分成两种：一种基于示好，一种基于自保。

基于示好的自嘲

人喜欢优越感，当对方优越感缺失的时候，雪中送炭是很有必要的。假设你的同学考试考砸了，拉着你嘤嘤嘤哭："只考了70分，怎么办？太糟糕了！"这时候最好的安慰办法是什么？

1. 回答："只是一次考试而已，不要紧，下次加油！"
   ——潜台词："虽然现在很糟糕，将来有好转的机会。"
2. 回答："你已经很棒了，虽然只有70分，但是排名不低。"
   ——潜台词："虽然绝对值很糟糕，但相对值表现不错。"
3. 回答："是的你考砸了，我理解你现在很难过，哭出来就好了。"
   ——潜台词："我非常理解你现在的感受，我和你站在一起。"

如果你的同学是切切实实地难过，以上皆有安慰效果，但这些都比不上一句："我只考了68呢！"

这种自嘲的目的是抬高他人。

有很多媒体在讨论"自嘲"的时候，会把自嘲和一些口语自称联系起来："屌丝""本屌""加班狗""单身狗""土肥圆"……有人痛心疾首年轻一代在汉语使用上缺乏典雅范式。其实这种贬损式的自我指代古已有之，古人动辄鄙人、贱内、贱妾、犬子、不才，没有好到哪里去。人们以戏谑的口吻自贬，以放松对话者的戒备，缓解沟通气氛，构建一个轻松的沟通环境——尤其是在网络上，这是非常非常重要的。

人与人人格平等，但在人际交往中，人会根据职业、收入、社会地位等要素把自己分割到一个又一个封闭半封闭的交际圈里。在真人交际圈，我们很少遇到和自己差别太大的人物。一个年入20万元的普通中产，日常交际就不容易遇到马云、王健林，也不容易遇到搬砖的务工者、山区的留守儿童。马云的圈子，都是跟他差不多的人物，务工者的圈子，也是如此。

我以为“近朱者赤近墨者黑”可以有两种理解——

1. 如果把“赤”和“黑”当作动词，则这句话仅用于三观待定的不成熟人群，指这些人容易受到他人的影响被染色。
2. 如果把“赤”和“黑”当作名词，则这句话适用于价值观人生观世界观稳定的成熟的人。“朱”和“赤”相似，所以会在一起，形成一个红色的圈子。

但是在网络上，大多数时候这个圈子被打散了。电影有小众电影，阅读有小众作家，音乐有小众歌手，但网络还处于一个大众媒介的时代。为了追求用户数量的最大化，网络社交产品普遍低门槛，这导致一个网络媒介要么做不起来，要么直接毁掉——在做不起来和毁掉之间的，就算成功的产品。

某老牌BBS刚起来的时候，仅仅影视剧一版，就满屏精品帖；某答题社区刚出来的时候，文章质量也是诚意满满。一旦好内容多了，来的人就多了。

而用户质量和用户数量是个不可调和的难题，这种营利性免费平台无法通过有限的用户数量生存下去，势必要极力扩张以大流量换取足够的广告收入，以获得长期稳定生存的空间。平台来的人多了，说话的人就多了。假设内容贡献水平的用户人数呈三角形分布（越能提供精品内容的人越少），那么说话的人多了，说废话的人的比例就大了，精品内容就被稀释了，平台也就不再令人惊艳了——这是一条营利性免费平台的必由之路。

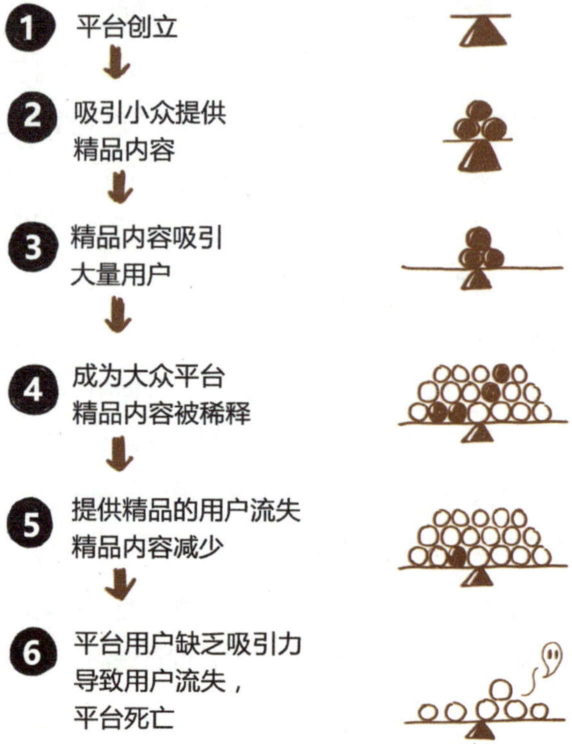

现在正是这些免费平台精华内容被稀释的阶段，所以每天都有人喊着“××已经不是当年那个××”、“××越来越没有东西看了”，如果喊这句话的人始终不愿意为有质量的内容付费，那他大可以把这句话再喊一二十年——如果网站能坚持这么久的话。

在被稀释的网络平台里，什么人都会冒出来：王思聪用微博，打工者也用微博；年入千万的作家上知乎，小写手也上知乎——我和他们还可以对话、点赞、转发，我们之间可能会出现现实中几乎不可能出现的沟通，因而造成了互联网上人人平等的假象。但实际上，可能80%的话语权掌握在最顶尖的20%的人手里，甚至还不止，谁是媒体谁是受众依然有着不甚分明的分界线。

在这些大众网络平台上，大多数人属于受众主体。那些少数的成功者在现实中只需和同为成功者的人沟通，很少有和不同阶层受众沟通的机会，当他们在网络上和不是一个圈子的受众沟通时，如果还用现实中那套沟通方式，显而易见会被认为“装”“显摆”，于是——“自嘲”就出现了。

“我知道我不是这样，所以我的自嘲可以拉近你我的距离，同时对我无法造成伤害。”——这是自嘲者最初的潜台词。他们不仅不自卑，还非常自信。

基于自保的自嘲

另一种自嘲是基于自保，这是一种失活疫苗，在病毒入侵前先打一针，以产生抗体。为了避免被你打脸，不如我自己先打，自己打至少下手有分寸，不至于伤得太重，我自己已经打过脸了，你再下手，我就不会猝不及防了。

譬如“加班狗”的门槛很低，范围很广：年终奖48个月月薪的可以自称“加班狗”，月薪2000块不包税的也可以是“加班狗”。虽然他们都自称“加班狗”。但对前者来说，这是一种基于示好的自嘲，而对于后者来说，这是一种基于自保的自嘲。在一只“加班狗”自暴工资卡之前，你永远无法知道一只网络上自称“加班狗”的人是工资二十万元还是工资两千元，这种现象被称为“薛定谔之狗”，薛定谔之狗被封印在网络里，处于一种既两千又二十万的量子叠加状态。

“加班狗”，在网络上是一种个人收入、个人阶层、个人身份的自我加密措施，毕竟马云面前皆是“加班狗”，对于真正的穷忙族、真正的底层人士而言，自嘲能最大限度地保护自尊心。

还有一种是“我知道我是，但我无所谓，开得起这个玩笑，所以我能说”。一般来说自己只能嘲笑开得起玩笑的部分。

比如文人可以自嘲穷弱，但不会嘲笑自己没文化。武官可以自嘲粗鲁无知，但不自嘲孱弱。刘伶，“竹林七贤”之一，好酒，对他来说“瘦弱”是可以自嘲的，自嘲一下化解了一场酒后斗殴，也算一桩美事。

尝醉与俗人相忤，其人攘袂奋拳而往。伶徐曰：鸡肋不足以安尊拳。其人笑而止。

——《晋书·刘伶传》

在当代，男生自嘲穷，甚至自嘲虚，但绝不会自嘲性器官短小——这是男人不可嘲之隐秘点；女生自嘲穷丑土肥圆，但一般不自嘲被人甩——这是女人不可嘲之隐秘点。总结一下，就是“性吸引力”不能嘲。

自嘲还有其他功能。

- 有时候自嘲可以是为了炫耀，陆游自称“无能老白痴”，只是为了显摆自己不必劳心劳力的闲适心情，和我们说“放假在家里要废掉了”“像猪一样吃吃睡睡”是一样的。

  有时候自嘲是为了给嘲笑他人做铺垫——

  人皆养子望聪明，我被聪明误一生。

  惟愿孩儿愚且鲁，无灾无难到公卿。

  ——《洗儿诗》苏轼

  这个满肚子不合时宜的人先自夸“聪明”，然后自嘲“误一生”，然后开启群嘲模式“我希望我儿子又蠢又笨，那就能顺顺当当做大官啦！”

- 有时候自嘲是为了自彰心志——

仙佛茫茫两未成，只知独夜不平鸣。

风蓬飘尽悲歌气，泥絮沾来薄倖名。

十有九人堪白眼，百无一用是书生。

莫因诗卷愁成谶，春鸟秋虫自作声。

——《杂感》黄景仁

这里的“百无一用”和媒体人李泓冰所说的“自由而无用的灵魂”有类似的意思，这里的“用”是“功用”的用，指的是对现实功利的疏离，追求诗和远方。到这个程度，“无用”已经从“自嘲”走向了“自傲”，只因说自己“清高出尘”太容易被打，不如说“无用”，我已自打脸赖在地上，你要打也无靶子下手。两句话连起来，满屏傲气。

前文的“白眼”是化用阮籍“清白眼”的典故，《晋书·阮籍传》中说“籍又能为青白眼，见礼俗之士，以白眼对之。”作者以阮籍自比，说的不是书生被人白眼，而是书生白眼别人，是“十有九人可以被我翻白眼”的意思。他真正想说的是：世间礼俗之士占90%，本人无视功名，在剩下的10%里。

最后作者说“春鸟秋虫自作声”与第一句“不平鸣”形成呼应。我自作声我自听，我自无用不平鸣，老子开心得很，一个人嗨！

自嘲唯需注意的是“分寸”。

一不可妄自菲薄，让人误以为真；二不可下手太重，伤了自己体面。

如前文说对方考了70分，你说你考了68，对方的优越感就重建起来了，成人之美。

若对方考了98，你说你96——这很好，助人为乐。

若对方考了98，你说你56——这是找人作践。

自嘲的底线是拉近距离，把双方扯进同一条战壕内即可，万一用力过猛拉得太低，只会让对方觉得不是一个圈子里的人，反而被看轻。

5.4 赞美、倾听、反驳——情绪沟通

人在对话中通过“语言”和“情绪”来表达信息。

现假设有性别不明的两人“小明”和“小红”，在日常对话中——

- 设小红在信息沟通中，“情绪”对信息的贡献度比小明大，喜欢用“撒娇”“怄气”等饱含“情绪信息”的交流方式。
- 设小明在信息沟通中，“语言”对信息的贡献度比小红大，比如小明更喜欢“讲道理”等饱含“语言信息”的交流方式——我还遇到过掐架的时候跟我画思维导图的，大概也能算图像语言。

假设小红发出的信息是语言100+情绪100，小明收到的可能就是语言80+情绪20。

假设小明发出的信息是语言100+情绪100，小红收到的可能是语言120（“你什么意思？”）+情绪150（“你吼我！？”）。

大量的情绪信息在小红对小明的传输中被丢包，在小明对小红的传输中被过度解读，导致信息不对称。于是矛盾就出现了。

再次声明：以上言论中“小红”和“小明”性别不明，我不认同“不要跟女人讲道理”这种言论，好女人和好男人都是讲道理的。

女生例假的时候说：“我肚子疼。”

简单的一句话会有很多种意思。根据生理情况的不同，这句话可以是带着懊恼、撒娇、求关注的情绪，也可以是带着“卫生棉好难受”“生人勿近”“血流成河”的情绪，有些情况严重的还会带着“我要变性”“想死”“怎么还没死”“宇宙为什么还没有毁灭”的情绪。

这个时候如果对方没有接收到任何情绪信息，只是针对“肚子疼”三个字的文字信息说“多喝热水”，下场是显而易见的。

如果再极端一点，当双方对彼此的情绪都无法感知的时候，就是爱情很难坚持的时候。比如说异地恋，我给个忠告吧：永远不要和你的恋人打字吵架，文字只能提供语言内容，无法提供情绪，极其容易引发误解，到时候表情包也无法拯救你。

同样，如果一方在恋爱中没有意识到另一方对情绪信息的天然呆，一味以自己的体感要求对方，那么对方也会觉得“你无情你无意你无理取闹”。

情绪的表达无处不在，不论男性女性，不论情场职场，隐藏在蹙眉、低头、微笑中，隐藏在举手抬足的气度中，隐藏在关门的声音轻重中，错过这些，可能会错过一份工作、一个人、一个无法回头的机会。

一针见血地赞美

不知道从什么时候开始，很多情感专家喜欢说“男人喜欢被吹捧，女生只要静静地听他吹牛，没事夸夸他就行了。”这是把男人当白痴吗？

拍马屁是那么容易的事情吗？这是天下第一技术活。你要夸某样东西，得夸到位。夸到位的前提，就是你对那个东西具备足够的鉴赏力。

我的某个朋友是个马术爱好者，家里养了很多马匹，他自己也有执照——在他的国家，他被允许在普通马路上骑马。他一度充满感情地跟我介绍家里的马的品种，它们的习惯和性情，以及红绿灯的时候要控制马有多么困难——马儿很容易受惊，讲他的妹妹在12岁的时候对骑马有多么痴迷。

对此，我一窍不通。我以隔靴搔痒的夸奖艰难地应付对话，显然不能让他满意。他大概希望我说，哇这个品种很难得啊，哇我记得它的奶奶参加过奥运会啊，哇你的马鞍是哪里哪里做的之类的。好吧，我完全不行，我的吹捧因为我的无知都显得那么虚情假意。

夸她相机里的照片好美，可是懂行的见到她的相机，大惊失色小心翼翼摸着相机连呼："M9！真土豪！"

夸他打羽毛球英姿勃发，可懂行的见到他一问球拍，惊呼"28磅的线，膜拜大神！"

夸他棋艺精湛，可是他知道你不会下棋；夸他字好看，可是我一眼看不出颜柳欧赵。

人人喜欢被夸，但人更喜欢被夸到点上。夸一个人很考验功力，功力不够不如不夸。他若是物理系博士，我夸他论文做得好不如夸他电脑修得好。

心领神会地倾听

相比"赞美"的难度，有一种最简单的情绪价值的提供方式——情绪垃圾桶——为对方提供情绪发泄的渠道。

失恋了找人唠唠嗑，失业了找人喝喝酒，总比一个人憋着好过些。这个被唠嗑、被喝酒的人，如果无法提供建设性意见，只能做单纯的倾听者，那他提供的就是单纯的情绪价值。

有人会觉得情绪垃圾桶毫无技术含量，唯一门槛是有足够的耐心并足够善良，这坚韧不拔的耐心和大慈大悲的善良是做人的一种“选择”，而非“能力”。但这种善良值得珍惜。

邓布利多说：“决定我们成为什么人的，不是我们的能力，而是我们的选择。”这年头时间比钞票值钱，愿意花时间听你说傻话的朋友比愿意给你发红包的人值钱——如果红包数量不大的话。

一个会听的人，他往往很懂你的表达方式，你表达100分内容，他能接到99分，中途信息不丢包。

一个很会听的人，他往往很懂你的内心，你表达80分，他能接到100分，能脑补出20分你由于无法表达但内心确实那么想的内容。

一个非常非常会听的人，只需要你一杯酒一个眼神，就能像三体人沟通一样达到百分百无损信息传输，根本不需要语言这种拙劣的交流工具——到这个程度，“倾听”已经不仅仅是一种选择，而是一种能力。

介于以上理由，生活中往往有三类人成为极佳的倾听者：

真正懂你的密友；

随叫随到的备胎；

口风很严的路人。

脚踏实地地反驳

一般会把提供“情绪价值”认为是提供“正向情绪”，让对方感觉到愉悦、快乐。这完全正确，但是要理解：什么叫“愉悦”？

很多人喜欢看恐怖片，喜欢看悲剧，看小说爱看“虐文”，玩惊险过山车。

我在第1章提到：“有趣”是相对的，对方对你的“观察”超出对方对你的“预判”，就容易让对方觉得你有趣。要做到这种“观察”超出“预判”，只有两个办法：优化自身的观察，或是降低对方的预期。这是一种观察值和参照值之间的落差导致的好感。

恐怖片的恐怖，悲剧的悲伤，虐文的往死里虐，过山车的惊险，都是为了拉低情绪的参照值，当你意识到现实生活没有这么恐怖，你的人生没有这么悲惨，虐文没有虐到你身上，过山车还是稳稳降落了——你在现实生活中的正常情绪就高于之前被拉低的参照值，你会觉得“生活真美好”。这时候，愉悦感就出现了。

这就是恐怖片、悲剧、虐文、过山车提供的情绪价值。

当年还是初中生的我一口气看完《午夜凶铃》三部曲后，至今再也没有碰过任何恐怖题材的电影，并至今心有余悸。因为我看完电影就无法走出那种恐怖的情绪，我会杯弓蛇影，会吓得瑟瑟发抖，甚至不敢爬出被子去刷牙。恐怖片很好地拉低了我的情绪参照值，然而由于本人心理素质不佳，参照值被拉崩了。

这种先抑后扬的反差法，应用到沟通中，就是“反驳”。反驳时会让对方先觉得不爽，如果反驳到位，有理有据不卑不亢言之有物，反驳得让对方无法反驳你的反驳，如果对方不是那种一言堂的暴君，就会感受到超出预判的愉悦。

据说在反驳一个人的时候，会让对方对你的注意力提高一大截。所以总裁玛丽苏小言剧的那个思路是对的：反驳高富帅，吸引注意力。只是作者对总裁的日常生活了解不够，写不出逼真一点的桥段。

如果不是——“小秘书反对总裁莫名其妙的欺负，坚称平民也有人格，或是一不小心弄乱文件倒洒咖啡博取注意力”，而是——“小财务反对总裁对新一期企业债券利率定价过低，因为上头风防银根吃紧，老主顾各种迹象显示他们都没什么余粮还在死装，很有可能募集不足”。

如果这样写的话，总裁可能会对小财务印象深刻，再搭配稚嫩的妆容，无畏的表情，焦虑却振振有词的语气，他可能真会觉得——这个新人，傻，但有意思。

反驳的前提，是有主见。

我认为“不是这样的”才反驳，而不是我看你不顺眼，为了反驳而反驳。而有主见这个恰恰最难。需要你有知识，有逻辑，才能建立起自己完整的一整套世界观，并且在自己的世界观里“逻辑自洽”地游走，才能用这一套逻辑去反驳别人。

有人曾问我对另一半的最基本要求是什么。我说，起码能反驳我，并且说服我一次。因为被人反驳的第一句，必然感到意外，然后是不爽——在这里，情绪的参照值拉到低位——然后是犹疑不定，然后是豁然开朗心悦诚服，这是一种非常愉快的体验：新世界的大门被打开了！在我营造几十年的世界观里，我坚不可破的知识和逻辑架构，因你做出了调整，因你，我的世界观更完整更坚固了。

每个人有自己的感知世界。找到一个能反驳我的人，互通有无，我就拥有了更多的世界。这种愉悦感，比起直接开拓新世界的愉悦，更为强烈。

需注意的是，想要修正他人的世界观，必须有自己的更为自洽的世界观。这意味着反驳别人的时候，一定要考虑自己的段数，要谨慎挑战水平比自己高的人。被人反驳不要紧，自己想去反驳别人结果被一击反杀，会很尴尬。

第 6 章

chapter 6

有趣需要变现

我们需要让真实的生活变得更有趣，而不是在脑子里做精神胜利法。有时候我们需要自己认可自己的有趣，有时候我们还想让他人认可“我的有趣”；如果是后者，便不免要有能力将“有趣”的内涵恰到好处地表达出来。

6.1 “吹牛”技巧概论

“炫耀”，或者叫“展示优势”，是很多生物所具有的心态。

尤其在求偶的季节，阿德利企鹅炫稀罕的鹅卵石，缎蓝亭雄鸟喜欢炫耀它采集的蓝色反光的小玩意儿，极乐鸟炫羽毛，园丁鸟炫耀它精装修的巢穴。用公平的眼光看，这些和人类祖先早早在进化树上分道扬镳的生物，和相亲大会上写着“三房两厅”的“都市精英”没有太大分别。

但和这些可爱小生物不同的是，人类是少数几种没有发情期的动物——人类，只要性成熟，随时随地都可以发情。目前不清楚人类无时无刻不存在的炫耀行为是否与发情期有关，但千百年来人类炫的热情只增不减。

只要存在社交，就存在优势展示。人经常想让别人知道“我有钱”“我长得好看”“有人为我争风吃醋”“有人送我股份把我留在公司”，或者想让人知道——“我这人可有意思了”。我们的人格魅力正是通过这种有意无意的炫耀展示在别人的目光里，成为他们评价我们的依据。

苏轼说：“腹有诗书气自华”。他那个年代，山高路远时间很慢，而我们这个年代，有时候没人有耐心去看你“气”是不是“华”。我们可能需要在五分钟内向面试官展示自己的独特才能，我们可能只有一顿饭的时间和投资人套交情，我们可能需要在一次邂逅中赢得一个异性的欢心。大家都很忙，见面不容易，如果不在短时间内释放出自己的人格魅力，很多故事或许就没有然后了。

如何“炫”

炫，须包含两个性质：

1. 真实

- 真实，就是有什么说什么，没有的别瞎吹。

最可怕的不是牛皮吹破，而是对方明明已经看穿，却绝口不提，“静静地看着你卖弄”。这种卖弄失败引发的尴尬症，一旦被自己感知到，往往几年都好不了，特别容易形成心理阴影。

> 1986年我参加一作家笔会。作家们谈自己看过什么书。一人说完一俄罗斯作家的书后问我：“你看过？”我摇头。她大惊：“你连他的书都没看过你怎么写作？”轮到我发言时，我瞎编了一个名字，我说我最近在看“库斯卡娅”的书特受启发你们看过吗？70%的人点头。我说这名字是我瞎编的。从此我再没参加过作家笔会。
>
> ——郑渊洁

相信在座的70%的作家都对郑渊洁留下了心理阴影。同样热衷于钓鱼的还有一个古人——

> 昔有一僧人，与一士子同宿夜航船。士子高谈阔论，僧畏慑，拳足而寝。僧人听其语有破绽，乃曰：“请问相公，澹台灭明是一个人、两个人？”士子曰：“是两个人。”僧曰：“这等尧舜是一个人、两个人？”士子曰：“自然是一个人！”僧乃笑曰：“这等说起来，且待小僧伸伸脚。”
>
> ——《夜航船 序》张岱

这是明人张岱的科普小笔记《夜航船》的开篇小故事，描绘了一个士子卖弄失败的画面，以此劝勉读者读他这本书，以免高谈阔论后出现“僧人伸脚”的情况。

- 真实，还有个不可证伪性。

吹牛皮可以，但不可吹破。如果你说的是假话，若对方今生今世至死无法证其伪，那也不好说就是假的。这时候说话留有余地就显得很重要。

有些人旁征博引的时候满口“我同学”“我朋友”“我邻居”就是谨防证伪。我举证我圈子里的、你不认识的人，你没办法说什么了吧？也正因为如此，言必称“我同学”“我朋友”“我邻居”的论据反成为不可信来源的标志。

- 真实，还有个相对性。

知己知彼百战不殆，不能关公面前耍大刀。很多时候我们在预判自己的时候还能有一点自知之明，但在预判别人的时候，就容易出现判断失误，误以为自己见识在对方之上，大放厥词。

这种情况在两个场合出现得比较多。

一是“相亲”。因为一来双方对彼此都不够熟悉，二来双方迫切需要在短时间内把个人魅力展示给对方，以获得下一步谈判的筹码；这两个因素同时作用，导致出现“不自知”的场面。

二是“面试”。面试也是要“短时间”内展示个人素养，双方都可能遇到一个不懂装懂的，也可能遇到一个资深扫地僧。

闲谈的时候要解决炫技“相对性”的问题，必须先摸清对方底牌，再扬长避短。我认识一个编剧，他能对着导演聊电视剧，对着小说家聊文学，两边都懂一点。他在对导演聊电视剧的时候，会用高深的文学理论；对小说家聊文学的时候，会聊画面感以及实现效果：他向两边都贡献一点对方不知道的知识，让两边都觉得他很厉害。

不过万一遇到对方是个神挡杀神佛挡杀佛两边通吃的大咖，那画面会很难看；万一遇到为人低调笑而不语的大咖，那画面会难看得让你毫无察觉——想来想去，“装”得不露马脚毕竟是件难事。

2. 低调性

如果炫耀被人发现是“赤裸裸地炫耀”，其实还好，毕竟真性情！

如果炫耀被人发现是“明明很想炫耀又怕被人知道我在炫耀，只好偷偷地炫耀又怕被人看不出我在炫耀”的，就很微妙了。

如何低调？这是一个技术活。

万一你说得太逼真了，人家以为你真的low到骨子里，就比较尴尬。既要低调，又要炫耀，想两者兼得的话，唯一的办法就是：让人确信你的低调是假的。如果你有8分格调，降到6分，会让人质疑你是不是真的只有6分，但降到2分的话，大家只会觉得你在开玩笑。举个例子——

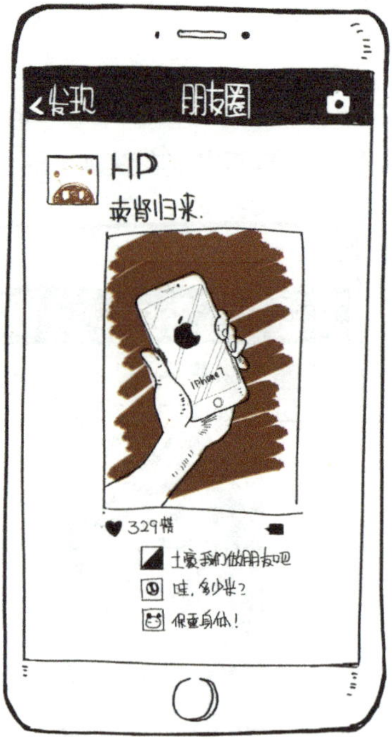

这个炫属于“赤裸裸炫耀”的一种变形，比前一种稍微舒服点。

而真正的低调，是没办法装的。或是出入豪车，挥金如土；或是坐拥百城，往来鸿儒：这种生活方式已经融入他日常生活的每一分每一秒每一寸肌肤每一次呼吸里。两百元的桌子上放着一万元的U盘，妥帖自然，毫无痕迹，比如——

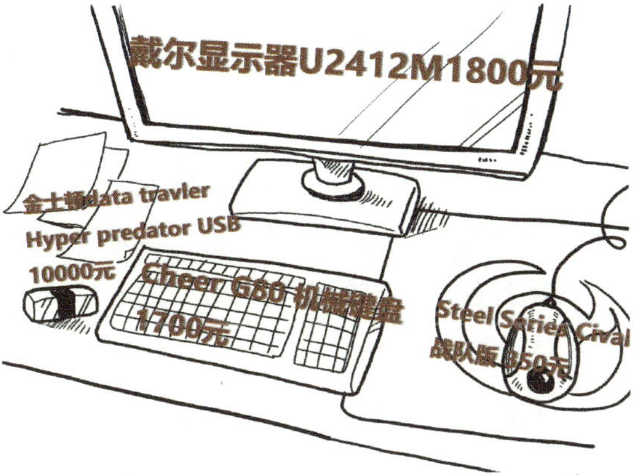

低调还有一个作用，就是风险控制。言下之意就是：高调是有风险的。

木秀于林风必摧之，不如做根草来得安全。

有一个关于秦桧的故事——

宪圣召桧夫人入禁中赐宴，进淮青鱼。宪圣顾问夫人："曾食此否？"夫人对以"食此已久。又鱼视此更大且多，容臣妾翌日供进"夫人归，亟以语桧。桧恚之曰："夫人不晓事。"翌日，遂易糟鲩鱼大者数十枚以进。宪圣笑曰："我便道是无许多青鱼，夫人误耳。"

——《四朝闻见录 乙集》叶绍翁

赵构的皇后召秦桧的老婆入宫，吃饭时上来一道当时名贵的菜——淮青鱼。淮青鱼肉质鲜嫩，颇为罕见，尤其是大鱼。皇后得意洋洋问秦夫人："你吃过这鱼么？"秦桧夫人脱口而出："我吃过好多。我家还有比这个大更多的，赶明儿我送你一堆。”夫人回家后跟秦桧一说，秦桧怒了：“你这不懂事的人！”第二天，秦桧送给皇后十来条大鲩鱼。皇后知道后，笑着说：“我就说呢，哪儿来那么多青鱼，夫人你弄错了。”

鲩鱼就是草鱼，便宜多见，口感比青鱼差好多。秦桧夫人当然没有弄错，她的确吃过好多高级的淮青鱼，但是这么说话不经过大脑在皇后娘娘面前炫耀自己吃得比皇家好，岂不是代表自己老公比皇帝还有能耐？这可不得了，犯了大忌讳。

秦桧显然比老婆更谙官场之道，一下子就反应过来“不好，出事了”，第二天送了便宜的草鱼过去。这样皇后以为是秦桧夫人不识货，弄错了鱼：一来说明秦桧没有权势滔天，二来说明秦桧夫人日子没自己过得精致，就不会找秦桧麻烦了。

历史总不乏相似的故事。

传说南朝宋文帝刘义隆力弱多病，当时朝政曾一度托付给弟弟彭城王刘义康打理。某日刘义隆在家吃橘子，抱怨味道不怎么样，他弟弟刘义康说我有好的，回自己府邸拿了几个过来。宋文帝一看，这橘子比自己的大，又比自己的甜，嘴上没说什么，心里可泛了酸：我堂堂一国之君过得还不如你？底下人把最好的东西献给你而不是皇帝，你厉害呀。后来刘义康就被杀了。

做人要低调，不是一句戏谑语，这事关脑袋。

什么情况下“炫”

在第1章中我们提到，他人视角中的你是一个变化的形象。他人脑海中，有一个“被预期的你”，一个“被观察的你”。这两个小人在不停地PK，如果“被观察的你”占了上风，那就是一场“惊喜”，会被认为是有趣的人；如果“被预期的你”占了上风，那就是一场“失望”，会被认为是无聊的人。想让人觉得你有趣，必须不停突破他人对你的想象。而想让自己觉得生活很有趣，就必须要不停地突破你对生活的想象。顾恺之说吃甘蔗要从尾巴吃起，所谓“渐入佳境”，正是此意。

以上可以推论出两个结果，若要可持续地“有趣”：

1. 需步移景换，炫得多样化。
2. 需循序渐进，炫得有序化。

当你认为你的表现突破别人对你的想象时，可以炫。

举例，你想让人觉得你漂亮，那就必须炫漂亮的图。假设你的实际颜值是80，你希望他人对你的颜值评价为90，此刻手上有100张颜值分别为60～105的自拍。那么你在朋友圈发图的方式，应该是从90开始，91，92一直发到105。务必保证照片颜值在90以上，否则还不如不发。

问题是人的颜值修得再美也是有限的，这个不断挑战自拍技术、化妆技术以及修图技术的行为很容易在峰值点遭遇平台期。这种情况下，我们已经无法在他人对我的颜值认知的“深度”上进行突破，就只能在“广度”上做文章，即全角度多样化选图。比如九宫图如果色调统一，那动作一定要不一样；如果动作统一，表情一定要有变化；如果表情也统一——你这人还有完没完?

可能有人会反驳：“我的朋友圈，想怎么发就怎么发”。我在这里只讨论“如何炫耀颜值”，而“想怎么发就怎么发”的发图方式叫“抒情”，不叫“炫耀”，不在以上讨论的范围内。

所谓大音希声，大道无形。最高级的撩妹/汉手法是全无痕迹的，明明你在撩人，对方却以为是他/她在撩你。最高级的炫技也是炫得臻入化境、毫无痕迹，方不遭人嫉、不添人怨、不惹人烦，不堵人心，利国利民，共建美好人间。

6.2 性格内向=不善表达吗

很多人在自我介绍的时候，会提到“性格外向，开朗热情”，几乎没有人会愿意承认自己“内向”，似乎“外向”是值得称道，“内向”应羞于提起。人们还会把“内向”和“不善表达”“沉默”甚至和“孤僻”联系起来，有些人会因此对自己做出“内向”的判定，并为此深感遗憾。

“内向”真的如此吗？我们需要为自己的性格感到遗憾吗？

内向和外向的根本区别

内向和外向都是一种性格，一般认为外向者和内向者有以下不同点：

	外向	内向
情绪倾向	热衷于人际交往，热情、爱说话、充满自信、喜欢交友；大都愿意与他人共处而不是独处；崇尚冒险精神而且经常表现出领导才能	安静、低调、深思熟虑，而且很少参加相关的社交活动。典型内向的人大都愿意独处而不是与他人共处（虽然他们也愿意与亲密的朋友交往）
正向情绪来源	在社交聚会中感到快乐，比如宴会、社区活动、公众示威等	在独自的活动中感到快乐，比如阅读、写作、绘画、看电影、听音乐、发明、设计、编程
生活方式	在其他人面前精力充沛，而在独处时变得平淡或感到无聊	可以愿意同人交谈，建立人际关系，但仍然注重私人空间

我见过内向者在辩论场上激扬文字指点江山，也见过外向者沉醉于阅读和做模型等独处活动。人在江湖，身不由己，很多时候我们“做什么”不是因为我们想做，而是我们“必须做”；更多时候，我们“想做什么”也不是我们想做，而是我们权衡利弊后觉得“只能做”。

要判断自己是内向还是外向，只需看上表中“正向情绪来源”一栏：你从何处获得快乐？更精准一点，你从何处获得精力？

场景1：今天一整天都在做很辛苦的事情。到了晚上6点，你希望做什么？a.拉朋友出去唱歌喝酒；b.一个人打包食物回家躺沙发。

场景2：以下哪个场景让你觉得更容易忍受？a.连续一个月出

门和朋友聚会玩耍，没有一天是呆在家里的；b.连续一个月足不出户，宅在家里自得其乐，没有一天出门。

两个都选a，那你很有可能是一个外向者；两个都选b，那你很有可能是一个内向者。如果一个a一个b，那你很有可能介于内向和外向之间——谁说这个世界上非黑即白非此即彼？内向和外向本来就是性格被刻意二元化的产物，大多数人存在于两极之间。

内向、外向只是一种性格，它取决于人更倾向于从“外界”还是从“内心”获取生活的动力。目前没有证据证明内向和外向是否基于天生，但性格很难改变似乎是公认的事实。

表达方式多样化

“内向”是一种性格特征，而“表达”是一种能力。性格和能力是两个不同的维度，不一定有相关性。

表达能力≠语言表达能力

语言表达能力≠口语表达能力

口语表达能力≠面向公众的口语表达能力

一提到大规模的演讲风气，直接能联想到的是古希腊。古希腊实行公民阶层独享的有限民主制度。公元前4世纪，雅典城大概有25万人口，其中4万成年男性有参加议会投票的权利，他们决定着这个城邦的大型决策。这使得“演说”这一表达形式盛极一时，有学识的人通过有号召力或煽动力的演说，将自己的思想发布出去，以影响国家的政策。大量的辩论、演讲介入人们的生活，口头表达是一种受人尊敬的能力，这种偏好流传至今。

但在古代中文语境中，“不善言辞”往往不是贬义。“外向”

这种爱说不懂的性格并不讨人喜欢；相反“性情沉静”“三缄其口”才值得称道。“出口成章”是我们夸人表达能力强的一个词，这词有意思：夸的明明是口语，落脚点却在书面语上。

在当代，社会化大生产要求人们更多分工合作，也要求人们更多交流。同时，对外向者的偏好更接近于一种“幸存者偏差”。

外向者更乐于表达自己的意见，内向者则相反，所以我们更容易听到外向者的声音：“我们外向是个好性格”。但我们需要每一个人都“外向”吗？码农编程，会计算账，设计师改改改……这些工作并不会因为你的开朗活泼增加KPI。

“不善表达”，还是“不想表达”

分清表达能力后，可以进一步分析自己在哪一种能力上出了问题：是不善于在公众面前口语表达，还是不善于口语表达，还是不善于表达？

需要两点认识：

1. “不善表达”是能力不行，不是性格不行。
2. 即使“不善表达”同时也“性格内向”，一样可以有精彩的生活。

如果是能力问题，可以选择针对性训练表达能力，或者寻找不需要这些能力的生活方式，而不是改变性格。一个“不擅长表达”的内向者，被强制成外向性格后，顶多变成一个“不擅长表达”的外向者，在这个崇尚自由的年代，我们没有理由跟自己的本心过不去。

但人可以选择做一个善于表达的内向者。改变性格，不如训练能力。相声演员于谦说：“我和郭德纲都是内向的人，台下话不多”。这一点都不让人惊讶。能力和性格，他们分得很清楚：我能说不代表我爱说；我爱上台说不代表我爱台下接着说。所以“内向者不善言辞”是一个谬论，或许内向者中不善言辞的人比例较大，但只是因为这些人不乐意表达造成的表达能力不足，这完全可以通过训练来弥补。

一般来说内向者更倾向于参与对话人数较少的交流，或者深度交流。这只是倾向不同。在某些行业，具备深度交流的表达能力恰恰是一个极大的优势。

如果自己不善言谈，只代表语言反应能力或口头表达能力的欠缺。人活在世界上需要太多能力，某种能力弱一点太正常了，这不妨碍一个人成为优秀、智慧的人，比如下面这位大神——

2011年，一款画面朴素（如下图）、音乐唯美、剧情极虐的游戏横空出世——“*To the Moon*”。该游戏拿下了知名评分网站Metacritic的当年度游戏最高分。令人震惊的是，这款游戏从设计到开发，从代码到绘图，从对话到音效，几乎由一个人完成；此外游戏中非常出彩的原创钢琴曲配乐，也是由此人作曲并演奏。这个人叫KAN GAO，凭直觉，我猜测这是一位华裔。

“高瞰，来自山东东营，11岁随父母搬到加拿大，初来乍到时他英文不好，无法融入同学圈，他坦言自己变得越来越内向越来越内向……11年级的时候，上历史课，整个一学期我一句话都没说。语言不好不想跟人交流，不想交流就练不了语言，这种情况像滚雪球，最后越来越恶化。自己封闭在自己的世界里，几乎不跟人说话了。在那段自我封闭的日子里，精神世界成为他唯一的依托，他自学钢琴，虽然指法在专业人士眼中一塌糊涂，但他自娱自乐乐在其中；他开始给自己写故事，创造属于自己的世界。”

高瞰所有的游戏，包括“*To the Moon*”都有一个共同的主题：“孤独与交流”，“*To the Moon*”本身讲的就是一个泛自闭症患者的爱情故事。即使现在高瞰已经成为业内的佼佼者，出席诸多重大场合，他依然保持自己内向的本心，不怎么爱说话——“游戏是我和外界沟通的方式。”

高瞰内向的性格和丰富的内心世界之间存在着某种正相关。可以说没有他童年自我封闭的人生经历，也不会有他今日的成就。当我们发现自己内向时，去接纳内向，正视内向，并让自己享受内向的性格，或许比假装开朗更愉快。

“不善表达”，还是“无话可说”

一本正经地讲，“无聊”最直观的反义词不是“有趣”，而是“有聊”——就是什么都可以聊，有东西可以聊，不冷场，而不是嗯嗯啊啊尴尬地找话题，总怕没话讲。

这个“聊”不是没话找话的聊，不是讨人嫌的聊，不是“强撩”。这个“聊”是一个人精神世界的外显。如果精神世界浅薄单调，“有聊”的程度也有限；如果精神世界丰厚深刻，自然信手拈来，无处不是话题。

中国人刚刚开始和外国人英语对话的时候，往往会遇到两个门槛。

第一个门槛是：满脑子都在想“我该怎么说呢？”

这是表达方式的问题，有很多话不知道如何妥当地表达出来。

第二个门槛是：满脑子都在想“我该说什么呢？”

这是表达内容的问题，和中国人聊天可以有很多话题，但是和老外深聊，他喜欢什么话题你不知道。在聊完了一周的天气、最近的电影后，不知道如何聊更有生活气息更有意思的话题。我追的朝代八卦，我小时候爱的动画片，街头吃的辣条，我看到的笑话，我喜欢的中文作家……统统都跟对方没有交集，我的笑点对方全部接不到梗；当然，跟我谈美国两党斗争，我也是一头雾水。“毕竟是外国人。”我和对方都在默默感叹。

如果和一个中国人聊天也是这样，那就是很大的问题了。

脑子里有货的，不一定能通过嘴巴表达出来；但脑子里没货的，肯定说话缺乏内容，这是语言表达能力再好反应再快也难以弥补的。

有人三句话离不开本行，不说本行他不知道说什么，在外行人眼里，就会觉得这人“无聊”。如果他不介意自己在大众眼中的形象，只在同行圈子混，他可以混得非常开心。

我不认为人应该去尝试讨好大众，毕竟我都论证了这么久“内向安静圈子小是正常的自然的健康的生活态度”——但如果你想要大众觉得你有趣的话，就不得不多知道一些事情，最好天文地理娱乐八卦文化艺术都能插一嘴，所谓“有一些谈资”。

聊天的有趣，不是“如沐春风言笑晏晏”，而是“听君一席话，胜读十年书”。有些人聊天像摊鸡蛋饼，脑子里只有那么一点货，为了撑足说话时间，只好车轱辘话来回说，把思想摊成薄薄一片，单位时间内的信息量很低；有些人聊天像喝排骨汤，虽然喝得都是水，但那是熬制几个小时的秘制排骨汤，滋味都在里头了。

我朋友A，天文地理绯闻八卦无所不通，跟她聊天，再偏的梗也能接住，再冷的知识也能扯上，聊得浑身毛孔无不舒畅。她从来没有特别准备过这种“谈资”，腹有诗书，自然有话。

我朋友B，知道的不算特别多，但是逻辑非常清晰，跟他聊天，他能把你说的话理一遍，说出你看不出来的东西，特别适合跟他聊争议性话题，两个人一边喝茶一边“撕”，可以“撕”一下午，

“撕”到彼此都累了，这个混沌的世界似乎明晰了一点。

这是让人觉得“有趣”的两种方式，前者给我脑中的世界添砖加瓦，后者则是来拆房卸瓦让我重建。至于那些说段子的、说笑话的、凑趣的、捧场的、寒暄的、拣好听话说的……都达不到上面两种人“有趣”的程度。大概是因为和其他人聊天是耗时间，而和上面这两种人聊天是收获知识和观念吧。

人生就像马尔科夫链下的股票，过去所有利空利好的总和都反映在现在这个时间点的股价上。现在这个时间点的你，是你人生过去几十年所有阅历累计的总和，是你所有知识结构和三观的总和，是你脑容量的总和。这就是为什么那么多单身者说起对另一半的预期时会轻描淡写一句“没啥要求，聊得来就行！”

所以如果你觉得自己内向不会表达，请认真评估自己到底是“内向”还是“缺乏表达能力”，是“我不想说”还是“脑子空空没有可说的”，对症下药才有疗效。“不能说”的，多练练胆子练练反应；“不想说”的，可以保持自己最喜欢的状态，做一个安静的自己；“没话可说”的，多阅读多历练，给脑袋备点存货。

自我认知是一件特别难的事，没事别给自己贴标签。万一贴了“内向”的标签，也不必有心理负担，这种性格更利于思辨精神和细腻情感的培养。

人生中的陪伴都是一时的，只有分别是永恒的；热闹都是一时的，只有寂寞是永恒的。寂寞的时候再妖娆的宝莱坞也无法令人骚动，再狂欢的杯觥交错也无法令人开怀。人寂寞起来，除了酒杯，无处可逃。在别人面前，我永远是同事，是朋友，是子女，是恋人，是下属，是上司，是买便当的客人，是对着电脑的“加班狗”

……只有我一个人的时候，宇宙是我的，天地是我的，我是我自己的。为何不自我接纳、享受着纯粹美妙的寂寞呢：这是我——一个内向者的心声。

6.3　有钱了不起吗？你说呢

一提到成本，很多人第一反应就是钱。

钱有多重要？

钱能买得来健康吗？钱能买得到爱情吗？钱能买得到青春吗？

跟我大声喊："当然可以！"

有钱就请得起私人教练，吃得上营养午餐，买得下全套体检，付得起医院账单。

有钱就买得下独立婚房，化解婆媳/翁婿矛盾；请得了家政阿姨，减缓夫妻家务矛盾；不会贫贱夫妻百事哀。

有钱能用最昂贵的护肤品、医疗美容、健身理疗、至尊Spa，气色红润容光焕发。

总之，对普罗大众来说，钱能买得到绝大多数我们需要的东西。

钱还能买来省心省力，心情轻松。

在电影《失恋三十三天》里，女主遭遇男友劈腿，浑浑噩噩茫然没回过神来的时候，她问一个事业有成正准备娶美艳拜金女的男性："为什么有钱人喜欢娶这样的姑娘呢？"

有钱人告诉她："跟这样的姑娘谈恋爱省事，你明白吗？首先，我知道她们要什么，她们目的特别明确，就写在脸上，我不用前后左右地去瞎琢磨。我给了，她们就开心；相应的，我也能收获一种满足感，简单直接，又利落又爽快。但如果，我跟黄小姐你谈恋爱，就会很麻烦，我看不出来你想要什么。比起一个LV的包，可能一个小盆栽更能打动你，但我不确定。不确定的事我就没法去做，我得先花时间揣测你，观察你，然后再出手打动你。可是这段时间里，我能做的事太多了，意义也远比谈恋爱这件事大。"

假设这个男人的需求只是"妻子"而非"灵魂的伴侣"，他可以选择娶个美貌的拜金女拿钱砸到她心花怒放；也可以选择找个追求和恋人灵魂沟通的女子，用心或是用自己的才华去打动他。

对这样的有钱人而言，相比时间和精力，钱是小成本，三五万元买个包，小意思；对穷人而言，钱很难赚，时间比较廉价，不如花时间去打动她。

这告诉我们：人，始终在寻找低成本解决问题的方式。

我只是拿那段台词做引子，我并不认同那段话。

我猜写台词的人当时尚未属于足够有钱的圈子，他写的只是穷人对“有钱人”的想象。就我接触的有限的几个有钱人样本而言，这种人有，但是极少数。美色是可再生资源，当财富达到一定程度，鲜嫩弹软的肉体供应源源不断。若不论爱情，大多数除了暴发户以外的有钱人，更追求门当户对强强联手，他们可以通过婚姻去获得更珍贵的资源。

我只想借此说明：一个理性人始终倾向于低成本解决问题，而考虑如何解决问题之前，弄清什么对你来说是“低成本”才是问题的关键。

成本

人生是有捷径的。

大家都不蠢，为何都喜欢“千军万马挤独木桥”？因为对大多数人而言，独木桥才是最容易的路。该念书的时候好好念书，该上班的时候好好上班，年纪大了别到处操心——这是最省力的活法。学校里不好好念书，找工作的时候就会很麻烦；工作的时候不努力工作，年纪大一点就会没有安全感。

之前提到的那位小朋友觉得读书很累，想着条条大路通罗马，将来可以当电子竞技选手，可以当网红，可以开淘宝店，分分钟赚千万。等你做过，你才会知道别说千万，先定它一个小目标，比如当网红月入一万，那难度，都远远超过正儿八经考大学去上班的难度。等你三十岁的时候，就知道念书的时光算是轻松的。

在不影响生活品质的前提下，尽量低成本的人生——这是现代人的追求。

- 其中一种叫“极简主义”。

衣服不要多，但要有质感。

朋友不要多，但要有交情。

信息不要多，但都很重要。

读书不必多，但要有深度。

东西不必多，但要用得着。

下图是Nava lattea 极简主义腕表，没有一点多余。

不对这个泛泛的世界投注太多的感情、太多的时间、太多的金钱，把注意力集中在自己感兴趣的内容上；目标明确，专注不暧昧；该工作工作，该玩玩，情绪与情绪界限清晰，把心情分门别类、收纳妥当；把有限的资源花到最值得的地方——这是我对极简主义的理解。

- 有一种叫“轻奢主义”。

别看这个词里面有个“奢”字显得很高大上/壕，本质却是“小姐身子丫头命”，讲的是“穷人如何享受本不属于本阶层的优越体验”。虽然不喜欢“轻奢”这个矫情的说法，但我欣赏这种生活态度。

一般来说一个人的消费水平是趋向均一的。比如用20万元包包的女人，在大众的想象中，大概会住2000万元以上的房子，开200万元以上的车，用2万元以上一套的护肤品，用2000元的手账本，吃200元的冰淇淋；不排除她买20元的麻辣烫，用2块钱的发圈：她日常的生活水平至少能到这个数。

作为一个普通人，房子、车子、包包、护肤品可能都没有能力用到那么好的。假设有个刚毕业的妹子，月入8千元，咬咬牙买了一本2000元的本子写手账，即为轻奢。她可能每天要花30分钟写手账，这个本子能用大半年，对她来说，她既消费得起这个贵妇级的本子，也认为作为日常用品这个价格物有所值。她虽然住不起豪宅开不起豪车，但在这每天的30分钟里，她可以享受到贵妇级的人生，堪称一笔划得来的消费。

“极简”和“轻奢”一个做减法，一个做加法，互不矛盾，可以并行，能在成本可控的前提下提高生活品质。需要注意的是，我推崇的极简主义不等于“悭吝死抠”，轻奢主义不等于“虚荣臭美”。

- 第三种态度：“功能实现主义”。

这个名字是我编的，借此向社会学 “结构功能学派”致敬。该学派认为所有社会现象——不管这现象看来是多么不道德、多荒谬、多邪恶、多不应该存在——只要它确实存在，那么这种社会现象在社会中必然扮演着某种社会功能。

我对自定义的“功能实现主义”（伪）解释为：当你无法承担某些功能的“成本”时，使用其他方式来实现这个功能。

譬如，受过一定教育的人基本审美可以保证，难点在于如何把这种审美执行。我能欣赏巴黎时装秀的高级定制，我也觉得很美，但是我买不起。我看中汝窑那个碟子觉得很通透，但是我没办法摆出来。

如果纯有鉴赏力，没有执行力，不能把其展示出来，就像那个什么武功都懂但是毫无缚鸡之力的王语嫣——没有人会觉得她有真功夫。

余爱小饮，不喜多菜。芸为置一梅花盒，用二寸白磁深碟六只，中置一只，外置五只，用灰漆就，其形如梅花。底盖均起凹愣，盖之上有柄如花蒂，置之桉头，如一朵墨梅覆桌；启盖视之，如菜装于花瓣中，一盒六色，二三知己，可以随意取食。食完再添。

——《浮生六记 闲情记趣》沈复

沈复是个穷鬼，这里梅花盒，白瓷碟，都是常见的东西，这么搭配却很漂亮，吃饭都心情好。想起家里吃饭，有人喜欢用不锈钢碗，因为大盆好用，放冰箱方便，桌上也可以放得多。有人要用各种盘子，蒸鱼用鱼形状的，烤鳗用长条形的，理由就是看着漂亮心情好。我觉得在这一点上，用盘子的生活态度就比较有趣。

再一段：

当菜花黄时，苦无酒家小饮；

携盒而往，对花冷饮，殊无意味，或议就近觅饮者，或议看花归饮者，终不如对花热饮为快，于是陈芸想出妙计，以百钱雇卖馄饨者挑其担至南园，三五好友择桃阴下团坐，先烹茗，然后煮酒烹肴，当时风和日丽，遍地黄金，青衫红袖，越陌度阡，蝶蜂乱飞，令人不饮自醉，不久酒肴俱熟，坐地大嚼，游人见之，莫不羡为奇想，杯盘狼藉，各已陶然，或坐或卧，或歌或啸，直至夕阳西下，食粥果腹后尽兴而归。

是说沈复想野餐，一边赏菜花一边吃热酒，但是每次带食盒过去酒菜就冷了，不开心。陈芸花几百钱请了个馄饨担，煮茶烫酒现场烧菜，让沈复和他的基友们吃得痛快，看得痛快，想想就很棒。

这种花小钱行大乐的技术非常了得。难就难在想不想得到。

风险

我见过一个十八岁少年，出身金融世家，对他来说，读财务相关专业、去证券公司上班就是非常低成本的路线，这些资源对他而言唾手可得。可惜他不喜欢。他天生是一个追风少年，他说我要当摇滚歌手，我要去音乐学院，我要去酒吧驻唱，然后歌迷汹涌，掌声雷动，走上人生巅峰——这是比去金融行业有意思得多的人生。

但是他们家祖宗十八代没有一个演艺界人士，这意味他要自己准备艺考，可能考不上；考上了要一个人学习音乐，没有家人给予帮助；毕业了自己找工作，酒吧驻唱可能收入不稳定，可能没人喜欢听；最后可能穷得叮当响，可能立交桥下吹西北风。

对于今年十八岁的他而言，这两种结果都有可能，要是样本足够大，还能发现后者的可能性比前者要大很多——这叫风险。

正常人都知道，其他变量相同的前提下，100万元资金的收益比一万元资金大，低成本低收益，高成本高收益，换言之“如果你越有钱，你就越容易更有钱”。如果想用低成本搏高收益，也可以，你必须付出的代价就是“高风险”。

一个一无所有的十八岁少年，和星二代比起来，他哪怕拼上一条命，他在职业道路上能付出的本钱也是有限的。他要以小博大，获得“名满天下”这一超高收益，相对应的，就要付出“一将成名万骨枯”的风险。他选哪条路都行，做好认赌服输的准备就好。

有人说“世界那么大，我想去看看”，有人说“我累得像只狗，我不要加班”。

周游世界当然比上班有趣得多，欧美年轻人环游世界的故事总是隔三差五地来打动我们朝九晚五躁动不安的心。不顾一切放下包袱去环球世界，有可能在途中遇到人生挚爱，邂逅白富美/高富帅，走上人生巅峰，有可能成为网络红人从此旅行为业，有可能遇到神秘贵人点拨一二从此财务自由；但更大的可能，就是回来以后发现积蓄清零、工作不好找、职业规划被肢解。

曾流行过一个段子："花一部手机的钱，就可以去东南亚好好转一转；花一辆车的钱就能去欧洲游历好几圈；花一套房子的钱，就可以周游世界……等你周游完世界，也许一个厨房都还没花完，但你的世界观已经彻底改变了"。

如果我穷得只能在手机和东南亚转一转之间选一个，我选手机，毕竟天天要用；如果我穷得只能在车和欧洲游之间选一个，我选车，毕竟有车没车生活半径大不一样；如果我穷得只能在房子和周游世界中选一个，我选房子，毕竟有房子才有家，被房东赶来赶去、买什么都要考虑搬家方便不方便的日子不好受。

手机、车子、房子对普通人来说都是刚需中的刚需，高晓松可以说我不买房子，因为他随时买得起一套别墅，这样的话我不能说。

有趣的生活方式很诱人，只要你能承担风险。

流动性

购买理财产品的时候，除了成本、收益、风险，还有一个要注意的就是"流动性"。

假设在2005年的中国，有甲和乙两个水平普通的"螺丝钉"职员，在同一家公司工作。甲是手机芯片硬件工程师，乙是计算机软件工程师。假设两个人一样的努力，一样的智商，一样的起点，其他变量相同，那么到2017年，甲有很大概率发展得比乙糟糕。

我们来看看这十多年里发生了什么：

1. 手机行业高通、Intel等几家大公司几乎垄断了芯片市场，市场对芯片开发人员的需求大减；这些大公司中涉及芯片制造的硬件工程师岗位大多在海外，国内即使是相对优秀的硬件工程师也没有太多机会去对口岗位工作；手机硬件工程师具备的专业技能相对不易在别的行业变现。
2. 互联网产业持续高热；中国一线互联网公司在2012年左右为了抢夺编程人才，拉起了一场加薪潮。

现在假设：某天甲乙所在的公司倒闭了……

结果就是甲无处可逃，乙机会多多。为什么？

人们在寒暄的时候常常会问："做什么的？"

这个问句一般包含两个维度：1. 行业；2. 岗位。

比如："在宝洁做市场营销""在腾讯做原画设计""在工商银行做Web前端工程师""在中国女排做数据分析师"。

行业维度代表了一个人的人际圈子，岗位维度代表一个人的工作内容。在一个岗位诞生之初，人都是从别的岗位跳过来的。例如"运维"这个岗位，有从产品过来的，从客服过来的，从网站编辑过来的，从市场营销过来的……随着这个岗位越来越成熟，人员流动就会变成从"别的行业的运维"过来的。

对于一个程序员而言，今天给银行写充值系统前台，明天给互联网公司写游戏币充值系统前台，绝对差别并没有太大。但对硬件工程师而言，差别则更大一些。职业技能跨行业跳槽的难易度，我称之为流动性。

如果你对自己岗位一心钻研、非常热爱，每天上班无比雀跃，下班依依不舍，业余把技艺精进当作消遣爱好，那么你觉得人生非常有趣，同时业务能力超强，请直接跳过看下一章。

如果你觉得起床让你生不如死，加班让你悲痛欲绝，下班不想看一眼专业书，不想看到任何同事，不想接到同事电话，那么岗位的“流动性”就显得非常重要了。上文中的乙，作为一名计算机软件工程师，岗位流动性大于手机芯片工程师，当企业活不下去、个人感到厌倦、行业收入低迷、举家迁徙等原因需要跳槽时，流动性大的岗位会给人更多的改变的机会。

对普通人而言，“找一份不方便跳槽却相对稳定的工作”“买一处房子花巨额资金装修”“结婚生子”等事情就像大额现金存银行定期一样，都是减少人生流动性的行为。孤立地看待这些事情一件件迎面而来，就会觉得人生越来越无趣；同时它们也给人以安全感，相对稳定的工作减缓工作压力，买房装修提升生活品质，和相爱的人结婚刺激多巴胺和荷尔蒙分泌，生养孩子虽然每个人都说抓狂，但似乎后悔的不多——有失必有得。

正因如此，我十分不理解那些“工作一直换却没有质的差别”“装修好房子却不去住”“和不喜欢的人结婚生子”的人。如果某个重大决策在降低人生流动性的同时没有提升愉悦感，这一定不是一个好决定。

第 7 章
chapter 7

终极有趣——精神世界的创造与维护

一个有趣的人，往往不是那个给予“绝对舒适”感的人。

就像那些可以轻松胜任毫不费力完成的工作，做完后，我们会觉得不错，但不会太开心。让我们念念不忘的，却是那些艰难辛苦后完成的事情。

让人念念不忘的，也是这样的人。

有趣不是“搞笑”，不是“逗闷子”，甚至不是“幽默”。有趣比这些来得更为深远，有趣是学识的广博，思想的深邃，观念的透彻。

一个有趣的人，他有自己的世界，自洽而宏大，辉煌而深厚。他不是走进你的世界，而是为你打开一扇窗去参观他的世界。或许他的世界让你感到惊讶，或许他的世界你并不认同。但经历一段时间的磨合以后，你开始理解欣赏他的世界，从此你与他彼此都拥有了两个世界，你们彼此的世界也更为自洽，更为宏大，更为辉煌，更为深厚。

但是，首先你要有自己的世界。

7.1 我们的三观是如何被确定的

三观来自何处

世界观、价值观、人生观，合称三观。如果把三观细分，则又有政治观、宗教观、审美观、家庭观、消费观等，很多时候，三观只是人的精神世界中观念的简单统称。

如果我们在道德观上设两个维度，就有了《龙与地下城》的阵营定位。

守序善良	中立善良	混乱善良
守序中立	绝对中立	混乱中立
守序邪恶	中立邪恶	混乱邪恶

以上都是非常简洁的观念定位。事实上，每个人的三观，都不是二维或者三维的，我们每个人都有几十甚至上百个维度，这些特质构成一个人的笼统的三观并外化为行动：比如小明热爱祖国、不买奢侈品、喜欢吃咸豆浆、信中医、支持转基因食品、买正版电子书、穿盗版鞋，等等。

这些特质从何而来？

这三观是否是你真实的想法？

“你以为的”真的是“你”以为的？

每个人的答案都不一样，但我先说说这些答案从何而来。

我先定义每个人出生的时候，是一无所知的一张白纸。

然后父母会教你说话，教你最初的三观。然后你上学，接触课本，和同学老师说话，开始看电视看报纸看书，从更多的渠道接触这个世界。这些信息和你从父母那里接受的三观会有重叠、有矛盾，于是你不得不开始自主选择，选择你认为对的信息并接受，同时扔掉你觉得不对的。就像吃饭长肉一样，随着信息的接受、消化，这些信息每天被你吃下去，最后会坚固地成为你三观的一部分。

你的三观，来自父母，来自周围的人，来自媒体。

那么父母和周围的人，三观来自哪里？

来自他们的父母和他们周围的人，以及媒体。

那么他们的父母和他们周围的人的三观来自哪里？

来自他们的父母的父母和他们周围的人的周围的人，以及媒体。

……

这个问题最后可以来一个泰勒展开式。

然后求导可得，大量的三观的根源来自媒体。这个媒体是广义的媒体，可以是电视广播，可以是村口大喇叭，可以是宗族族长，可以是部落巫师。不同的是媒体的传达方式，相同的是媒体背后的操控者——人。

有人就有江湖，有江湖就全是套路。

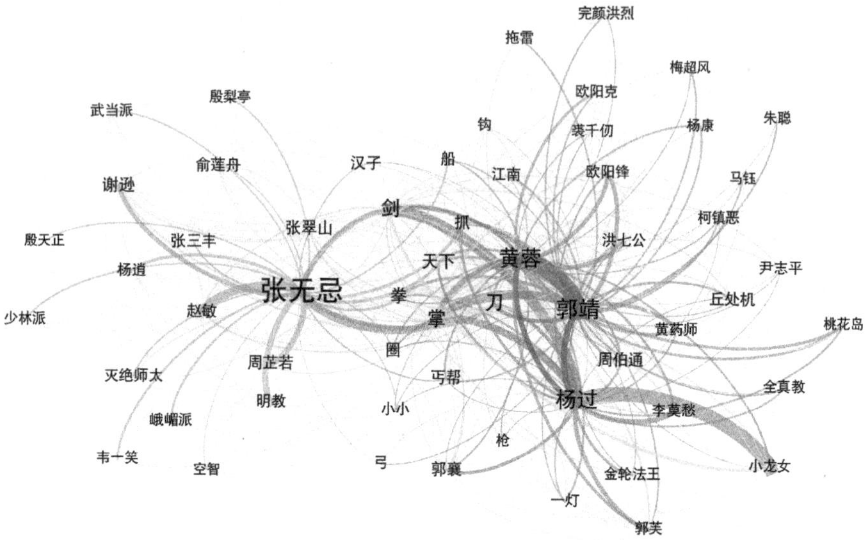

上图作者：陈丽云，载于统计之都，基于金庸小说文本制作的可视化人物关系图

三观建构过程

什么叫成熟？身体上的成熟，是身体发育完全，器官功能趋于稳定；精神上的成熟，则是一个人的三观趋于完整，对世界的认知方式趋于稳定。

普通人在成熟过程中，肌体的柔韧性会慢慢变差，相对的，力量和稳定性会变强。舞蹈演员、体操运动员、瑜伽教练等为了保持足够的灵活度，必须时常做拉伸，保持足够大的肢体活动角度。

我们的精神世界也是一样。相对于成年人，儿童的三观是灵活多变的，大人说什么是什么；而随着三观的逐渐成熟，稳定性渐渐提高，他的思考会渐渐变得有力量，变得“越来越难骗”了——他的三观稳定起来、强壮起来了。

在成年以后，如果想变得更强壮，就需要锻炼，撕裂肌纤维，增加肌肉；同时不断伸展拉伸，保持身体的柔韧性和核心肌群的稳定性。在思想上也是这样，我们需要一边大量输入知识充实自己，使自己更丰富；一边接触不同的观念，拉伸三观的维度，保持思想的灵活。

人的三观世界，是一座小小的城。有的城高楼广厦、八级抗震、风雨不侵；有的城破屋草房、风雨飘摇、一戳就倒。人成熟的过程，就是城市基建的过程。有的城市规划得当，地基稳固，造得慢造得牢；有的城造着造着，突然一场大火，眼看他起高楼，眼看他楼塌了。

我小时候爱看书，尤其爱小说，看书纯凭兴趣，毫无章法，也无人指点，口味杂而不精。我的城就像原始人的茅草屋部落，东一坨西一坨。某天，一位德高望重的教授带我走进文艺学的一门课，刹那间当头棒喝醍醐灌顶，觉得人生之前的20年都白活了；先觉得无比痛苦，后觉得明亮通透，脑海中卷起一道龙卷风，摧枯拉朽，将那一坨坨茅草屋席卷一空。我开始打木桩，砌砖，填水泥，重新造房子。

读研后我又遇到一个存在主义信徒，通过他我接触到加缪，从他的《异乡人》开始，一种似曾相识的感觉出现了——剧烈的冲击波激发了三观小城的地震：我当以怎样的世界看待日常生活的意义？看待“我”的存在？

还没造好的房子又塌得只剩断壁残垣，现在还在进行震后重建工作。

这是我两次真正的“三观尽碎”的经历。我非常庆幸遇到这两个人，他们让我的三观小城有了更为坚固的架构，在这基础上，之后的修修补补才有意义。每一次重建都会遇到迷茫、彷徨、犹疑乃至强烈的不适感，但重建后的小城都会比之前的更为坚固。

拥有更为坚固的三观世界，意味着人对世界拥有更为稳定的观察，拥有更为稳定的观点和意见。这会让人显得更为成熟。

想要判断一个人是否成熟很简单。

可以今天问人一个稍微复杂的问题，过一个月再问他同一个问题，看他的答案是否有变化。有些人的观念在一个有限的时间跨度内会展示出矛盾的观点，这就说明这个人的三观“没有定型”。

这个方法也可以用于自查，譬如观察自己在关注热点新闻时，有没有随着围观群众的意见摇摆站队方向。

为什么我们需要一个稳定的三观？

哲学家William James说过一句话：“很多人觉得他们在思考，其实他们只是在重整他们的偏见。”

一个稳定的三观才能给人以思考的能力，而不是重整偏见的能力；给人以理性认知世界的能力，而不是人云亦云随风倒的能力。这种能力会让人在每一次独立思考后逐渐形成独立的与众不同的精神世界，从而成为一个“独特”的人。独特，是“有趣”的起跑线。

一切都是套路

这个信息爆炸的年代，每个人都在发声，每个人都是媒体。既然听到的是人的声音，那声音里必然就包含了人的意图。而我们已经很难从一个人的所作所为中得知背后的意图。

美国的环保组织若宣传能源节约，背后十有八九是小排量汽车的厂商在撑腰。一个公众人物站出来宣传“女人就该买买买”，背后消费品公司的公关费大概少不了。

有些人反对应试教育，提倡快乐教育。他们是何方神圣？来自什么阶层？公立学校全面推行素质教育，只会让富人的小孩放学去补课，穷人的小孩放学玩泥巴。

他们是真心希望你的孩子快乐成长吗？或只是希望用“快乐教育”的名头，把穷人的孩子从近乎残酷的升学竞争中挤出去？

有些人要求提高最低工资。他们又是何方神圣，来自什么阶层？他们是真心希望低收入群体获得福利吗？提高最低工资会有什么副作用？会增加中小型企业的劳动力成本，会倒闭一批小企业，会降低底层劳动力的雇佣，会导致一批本来找得到工作的人成为找不到工作的人。这背后最大受益者是谁？谁最希望这批小企业倒闭？

人在江湖，身不由己。放眼看去，意识形态裹挟背后的动机滚滚而下，身在其中你我皆不能幸免。正面看着是笑脸，背后看都是利益诉求。如果放眼所见皆是幻象，那在这虚幻中沉浮的你我何以不为人圈套，何以构建真实的三观？

什么是真实

两千多年前，柏拉图讲了一个寓言——

有一些囚徒从小就住在洞穴里，头颈和腿脚都绑着，不能走动也不能转头往后看，只能向前看着洞穴山壁。

在他们背后燃烧着一堆篝火，他们谈论着火光产生的影子。这些人终其一生，眼前所看到的都只是影子，然而他们却深深相信这些都是真实的人生事物。

真正的真实，不是你眼睛所能看到的这些光影，不是拍着胸脯说“项目发展得好就发奖金”的上司，不是一脸关切地说“女人啊皮肤保养最重要”的商场推销员，不是电视上忧国忧民的政客，不是镜头上义愤填膺的记者——真实的世界，不是你眼前的世界，而是你心中对眼前世界运行规则的理解。

如果说眼前的世界是马会跑，太阳会转；那三观的世界就是牛顿三大定律，是爱因斯坦质能守恒公式。

如果说眼前的世界是朝九晚五，是加班赶地铁，是恋爱结婚，是朱门酒肉臭，是乡村中国，那三观的世界就是柏拉图苏格拉底，是孔子老庄，是加缪，是马克思·韦伯，是费孝通。

“为天地立心，为生民立命，为往圣继绝学，为万世开太平。”——这是张载作为一个儒家知识分子的世界。

“舆人成舆则欲人之富贵，匠人成棺则欲人之夭死也，非舆人仁而匠人贼也，人不贵则舆不售，人不死则棺不买，情非憎人也，利在人之死也。（车匠造好车子，就希望别人富贵；棺材匠做好棺材，就希望别人早死。并不是车匠仁慈而棺材匠狠毒：别人不富贵，车子就卖不掉；别人不死，棺材就没人买。本意并非憎恨别人，而是利益就在别人的死亡上。）”——这是韩非子的世界。

假设我给上面两位开个座谈会，讨论“中国性别比例失衡，男子三千万无法娶妻”的问题。

张载大概会说：“哀民生之多艰，我们要移风易俗，反对打胎反对性别选择，反对天价彩礼，让每个人都能高高兴兴结婚。”

韩非子大概会说：“扯淡，从来就没有什么性别偏好问题。一切都是利益。男人是田里的重劳力，传统风俗女性不承担赡养义务，所以趋利避害，大家喜欢生儿子。如果把社保做好，城市化进度加快，性别偏好就会渐渐消失。”

看，这就是两个人不同的精神世界，虽然思考方式不同，却都是自洽的。

建立坚定而又自洽的精神世界，需要的是“思考”，而不仅仅是“体验”。

体验是轻松的——

是抓着一屉纸巾看肥皂剧，是坐在马桶上刷爽文，是窝在沙发里看综艺。那些制造肥皂剧、爽文、综艺的人，深知如何顺着你的心意，让你得到最舒服的体验。可你能得到的，也就止步于舒服了。

思考是辛苦的——

是注解比正文长的原稿，是密密麻麻的笔记，是焦头烂额的一团乱麻。那些人类最精妙的思想，好比山顶的风景，海底的珍珠，需要艰难险阻才可以探索，虽然过程不甚愉快，但最终你能得到的，是醍醐灌顶的通透，是豁然开朗的狂喜。正因为如此，优秀的书籍才显得珍贵，它们是引导你登山入海的向导。

一个人的三观，是在外界大量“阅读”和“体验”下，通过思考获得的。由于阅读和体验的制造者设计了形形色色的套路，我们的思考深度，很大程度上影响到三观的深度和自洽度，最终形成一个人“有趣”与否的根基。

7.2 一只随波逐流的帆水母

有一个对外汉语教学的老梗。说有一位老师教欧洲学生中文，那学生已经在中国多年，中文已经考过最高级，日常跟中国朋友聊天吹牛毫无压力。到了中文学习的精深阶段，老师让他读《红楼梦》。

这个学生勤奋苦读，上了一学期的《红楼梦》专业课，也读完了红楼梦。最后中国老师跟他私聊，问他对这本小说有什么看法。这个外国学生问道：“有一点我不明白，贾宝玉和林黛玉爱得那么深，林黛玉知道宝玉娶亲，为什么小说结局不是林黛玉明说了，两个人私奔呢？”

老师心想：完了，咱这学期的课算是白上了。

看古典文学作品，我们不能脱离其时代背景。

牛郎偷了织女的衣服，逼迫织女嫁给他，织女居然同意嫁给素未谋面的敲诈者。王母娘娘作为织女的母亲勃然大怒，织女还不舍分离，喜鹊还搭桥帮他们相会——以当代价值观来看，王母娘娘才是故事里唯一的正常人，其他人在剧情里的表现简直匪夷所思。

王宝钏不顾父母之言，下嫁贫困的薛平贵为妻。被父母赶出家门，薛平贵入伍后，王宝钏独自一人在寒窑中苦度18年。后来薛平贵成为朝廷功臣，将王宝钏接入府中，夫妻团聚。然而仅过了18天的幸福生活便死去——这个故事以当代视角来看，唯一的教育意义就是教育我们“要听父母的话”。

《红楼梦》里林黛玉，有焚稿而死的勇气，却绝无私奔的念头，想都想不到；贾宝玉有出家的勇气，亦绝无私奔的念头，亦想都想不到。欧洲骑士小说中无比浪漫的“私奔”，以《红楼梦》之写实画风，以两人的身份地位、教育背景、性情性格、生活环境，却是全然不着调的剧情。

在什么山头唱什么歌，这是阅读文学和史料阅读最基本的常识。否则你只能读到表象的文字，无法深入体察到人物真正的思想。

我们观察世界的角度也是一样。

上下五千年，纵横九万里，与千千万万时间和空间之间，你恰好在这里——你的身体在这里，你的思想在这里，你的角度就在这里。你的局限在这里，你的独特也在这里。

受限的个人视角

2006年，纪录片《含泪活着》在富士电视台黄金时段播出后创下全日本收视率的最高纪录。同名电影获得了被誉为日本奥斯卡的“日本放送文化基金奖”。该片讲述了一位中国父亲含辛茹苦15年，在日本打工养家供女儿留学的故事。

日本媒体中观众的反应是这样的——

片中有许多我们日本人已忘却或失去的美德。盼主人公一家幸福！

——31岁男性留言

令人心情沉重的剧情。我自问能否成为真正的母亲。

——37岁女性留言

我非常惭愧，不久前刚被公司辞退，并曾产生自杀念头。看到丁尚彪能为家庭和女儿做出如此伟大奉献，相比之下，我无地自容，真是太胆怯、太不负责任了。

——48岁男性留言

中国微博上观众的反应是这样的——

失误啊，这十五年是国内发展最快的十五年，有这样的毅力在京沪广也早就成功了。

完全无法感动。明明是个人莫名其妙的烂决定拖累全家人分离。任何一个决定都要仔细思考，明明没有办法负担出国费用还非要去，这就是作死。

两拨观众的反应不太一样。

中国观众的回复，是建立在已知“改革开放获得巨大成功”的前提下。现在的生活变得容易了，才会说他“不值”，这是我们的幸运。

日本观众的回复则是建立在日本作为一个发达国家的生活背景下，他们觉得丁太辛苦。

实际上呢？丁尚彪本人看到的是——

这样一天就好赚1000块人民币，在中国的话要干10个月。那种心情真是天不怕地不怕了。100万日元，200万日元……我不停地工作工作，赚到的钱越来越多，等赚到500万日元以上，已经麻木了。

——《星期日周刊》2014年11月 记者韩小妮

丁尚彪当年在日本赚到的月薪，相当于当时他在上海月薪的300倍。放今天，按照上海市社保中心的数据，2016年上海人均工资6378元，翻300倍，就是近200万元。当年他在日本的收入，心理认知上相当于今天在上海拿到200万元月薪。他就是个发横财的。

通过观察两地观众对这部片子的不同评价，我们可以从中看出不同的视角，会导致不同的认知。

每个人的三观都是由外界经年累月的信息积累、消化而成。我们收到的信息不一样，消化方式不一样，我们的三观就不一样。当我们观察其他人的时候，很难避免把自己代入，很难避免以自己的立场、视角去判断他人，这就需要我们尽量意识到自身的局限性，力求避免偏见。

时代中的个人

有一种很漂亮的蓝色透明小水母——帆水母。它有一个充气的帆状浮囊来维持浮力，平时让风吹着走。鳔上有像帆的构造，帮助它们随风而荡。帆水母的种群非常大，常结成宽达100千米的大群在海面上漂游。它们随风飘荡，有时也会搁浅在沙滩上成片死亡。

这很像是人类社会的写照。大多数人一团一团淹没在群体中，以统计数字的形式存在着。

即使是上面这位丁先生，被认为是个人奋斗典型，我依然无法把他的大好结局归结为单纯的个人因素。首先，他赶上了日本泡沫经济崩盘前泡泡吹得最厉害的时候，劳动力匮乏；其次他遇上了日元升值和人民币官方汇率贬值两大利好，这巨大的利好能把他的财富翻几番；第三，也是最重要的一点，他在2004年回国后将积累的财富用于投资上海房产，赶上了房价飙升的一波——这三条导致丁先生现在过得非常滋润。

而这三条，都不是一个普通人可以控制的。他也是一只时代大潮中的帆水母。

我看过比尔·盖茨上个世纪七八十年代录制的一期电视节目，在节目中他说了一句话让我记忆深刻，大意是说：在中国有非常优秀非常聪明的年轻人，但是他们没有机会参与到电脑技术革命中来，他们没有这个机会。

当时中国应该还没有“电脑”这个概念，人们接触不到，自然没有机会。当时的比尔·盖茨无法预计今日中国互联网产业的发达，至少在电子商务和电子支付领域，中国绝对处于第一集团领跑地位。

对比这几年互联网行业的高薪，到当初比尔·盖茨说的“他们没有机会”，这天差地别，只因时代的大浪滚滚而下，把千千万万人的命运裹挟其中——这是个人的幸运，也是时代的幸运。

浪口飞过一只猪

“寒门贵子”是一个刚刚过气的话题。最初源于十年前一篇走红的文章《我花了十八年才能和你坐在一起喝咖啡》。当初我读到这篇文章的时候还颇为感叹作者的不易。但在多年的海外居住经验后，现在的我很想对作者说：只花了十八年就能和不同阶层的人喝咖啡，这真是个了不起的时代！要知道，在某些国家，这要付出几代人接力的代价——也不一定成功。

“王侯将相宁有种乎？”这句话获得了中国人骨子里的认同，我们相信一个人的出身不能决定人的一生。自隋朝后，中国的科举制度渐渐成为中国选拔文官制度的主流，无数贫民子弟“十年寒窗无人问，一朝成名天下知”。

尽管后世对科举多有诟病，但在漫长的历史中，对比大多数国家的世袭选拔、经院选拔，中国的科举选拔毫无疑问是“制度优越性”的代表——我们在最广泛的群众基础中以尽可能大的效率遴选出社会需要的管理人才。科举，作为阶级流动的重要渠道，成为无数平民出人头地的唯一途径。而在科举制外，普通人几乎没有什么常规渠道获得阶级层面的跃升。

中国古代的社会结构就像一栋房子，上层人住在上头吃香喝辣，底层人在下头啃糠咽菜。是个人都想往上爬，但这往上爬的梯子要搭成什么角度，是个难题。因为——

1. 角度太大了不好爬，一群人挤在下面怨天怨地，积怨久了，就干脆把房子拆了，反正我不好过你也别想好过。“时日曷丧？予及汝皆亡”有时候上等人干脆把梯子拆了，下面的谁也别想上来。
2. 角度小了太好爬，一群底层爬上来吃肉。可肉就这么多，吃光了就没了。万一人太多，得把楼压塌了。

这个不大不小的角度怎么调，是个技术活。科举考，堪称一部好梯子，既保证底层上升的通道，又保证从梯子上掉下去的人不骂娘——你不够努力不够聪明才考不上的，你看我都给你机会了，今

年考不上，不哭啊，三年后再来。

一旦政局稳定，这个梯子的角度就越来越陡，越来越难爬，因为统治工具越来越强，居高位者越来越不愿意和你分享既得利益。只有动荡开始，这个梯子的角度才会渐渐被动地平缓，因为那套阶级统治工具渐渐不好用了。

所以要保证楼不塌，就一定要保证：1. 梯子还在；2. 底层人不许拆房。

欧美老牌资本主义国家的阶级固化相当严重。人家固化了几百年，早就把梯子拆了，想上来自己爬墙吧。而且人家拆得那叫有水平有技巧——

1. 足够高的生产力水平保证必需的社会福利，让底层不必吃糠咽菜。既然底层也能吃饱，顶层也能吃饱，那底层往上爬的意愿就大大降低了。
2. 差别化精英教育和大众教育。接受平民教育的大众不会被告知权力和智慧的好处，底层往上爬的意愿被掐灭在萌芽阶段。

欧美系的做法，隐蔽有效。那些“钱不能带来什么”“幸福来自内心”“每一个平凡的人有最大的幸福”“最好的都是免费的”等鸡汤文学在美国泛滥成灾，几乎就是一个意思：不要往上爬了，上面风景不好，有钱人都不幸福，就算努力了不一定成功，也不要暴躁不要去拆屋子，至少你努力了哦。

我国目前生产力还处于发展中国家阶段，但优秀的主流大众教育是公立教育，考大学虽然竞争激烈，但大学费用相对欧美极其低廉，而且一场高考就能把大多数人拉到同一个赛道上。就算这样，现在还有很多人抨击教育不公，认为来自社会底层的孩子考大学比富裕阶层更困难。的确，这种现象在美国是不可想象的——美国的富人不会把穷人的孩子在考大学的时候挤下来——

- 他们会建立大量的私立学校，并让最优秀的教育资源集中到私立学校，无论是小学、中学还是大学；
- 他们会立法规定房产税的一部分用于当地公立教育，保证富人区的公立学校有足够的经费和优质的资源；
- 他们会通过教师工会制约中小学教育质量测评，公立小学的教师相对缺乏竞争环境和进取心；
- 他们提高公立大学的学费，公立大学一般不提供廉价食宿，学习成本高昂；
- 他们提供大众文化，鼓吹极小一部分球星歌手的个案成功，塑造华丽美妙的美国梦，为校园反智主义提供根植的土壤；
- 在此基础上，他们也会提供诸多低收入家庭学生的补助计划，为个中翘楚提供上升空间。

最终他们达到了目的——穷人的孩子从小学开始就被排除在优质教育之外，他们中的大多数连“考大学”的念头都不会有。穷人的孩子不会输在高考，他们在高考前早就输得一塌糊涂，甚至不会发现自己输了。

而这一切，都符合美国统治阶层的利益。一个强大稳定的国家不需要大规模的阶级流动，他们为小部分天资卓越者提供足够的上升通道，同时需要大多数人安安分分地在自己的岗位上工作，维持现状。

丁尚彪的故事有一个完美的结局，这除了他和妻女的个人努力、国际汇率等因素外，还有一个非常重要的因素：中国拥有领先全球的教育公平性。

丁尚彪的女儿，一个普通市民女儿的身份，能享受顶级的公立教育，是因为她通过应试选拔考上上海最著名的高中之一——复旦附中。如果考高中只看“素质”，拼申请信，拼特长爱好，看会不会弹钢琴，看谁参加社会活动多，看推荐信分量够不够，她很可能就失去这样的机会。

中国近百年间发生了数次巨变，每一次社会动荡都会带来巨大的机会和风险，都会带来大规模的阶级流动。相对西方，我国阶级流动已经相当不错。这基于传统，也基于现实。

所以，所有的“暴发户”“凤凰男/女”都都是对这个时代无上的赞扬。人，可以摆脱其背景，凭一已之力从贫困山区的少年奋斗为大城市的中产，在十几年内实现家族的阶层跃迁，这种人多到成为一个现象化的群体，在古今中外的任何时代都极为罕见。

如果你今年不到30岁，那你退休前大概会遇到3次以上全球性经济危机的波及，4次以上断崖式股灾，2～3次房价周期性下降；如果你这辈子不必经历战争，对比世界历史，你已属于幸运的一员。

与上下五千年、纵横九万里相比，大多人都只是一只随波逐流的帆水母，

在时间和空间中开个眼界，才能给自己一个清醒的定位：我是谁？我在哪里？我和外界是什么关系？

7.3 吸引力相对论

我想起室友初见某男生，得知那人绰号叫“韦伯”以后，开心地笑了起来，男孩说：“你喜欢韦伯哦？”

室友满眼亮晶晶充满了欣喜：“是呀是呀。”

两个人一见如故相谈甚欢。半日，室友道：“对了，你喜欢韦伯哪本书呀？”

对方愣住了。

后来才知道，对方喜欢的是NBA球星克里斯·韦伯，我室友喜欢的是德国社会学家马克思·韦伯，双方都对自己的“韦伯”私心忒忒。

室友把这当笑话在卧谈会上和我们分享，此后我与人聊天都会多一份仔细。我的“韦伯”非你的“韦伯”，同音同字，背后代表的是两个毫不相干的人。那我说的“意识”难说是你说的“意识”，我说的“文化”难说是你说的“文化”。人类有多少词汇发明，就有多少误解，因为沟通双方的不同认知悄悄发生。

大众、小众和我

如果“有趣”是一种可以出售的商品，我相信很多人愿意购买。

这种商品和其他商品一样，有全球风靡的大众化产品，比如可口可乐、苹果手机、老干妈；也有只在小圈子受欢迎的小众产品，比如水晶袖扣、玻璃笔、心脏支架；更有只服务一个人的客制化产品，比如近视眼镜、煎饼果子、假肢。

1. 大众化的“有趣”服务大众，为人民群众喜闻乐见，比如商业电影、畅销书、流行音乐；
2. 小众化的“有趣”服务一小批人，比如冷门电影、冷门书、小众音乐；
3. 客制化的有趣只服务一个人。

当我们希望自己变得有趣一点的时候，要回答两个问题：

- 你希望自己达到上面3种哪一种有趣？或兼有之？
- 在第3种有趣中，你觉得什么事情让你产生兴趣？

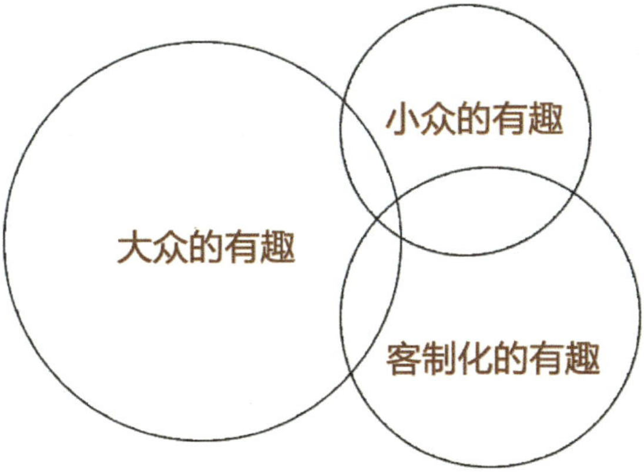

每一种“有趣”都有彼此重合之处，三种“有趣”的实现途径不太一样，且都需要投入一定的成本。一个人的时间、精力有限，很可能无法兼顾所有，必须考虑如何分配成本到这三个“有趣”中，比如先关照哪一种“有趣”？以怎样的比例分配成本到三个“有趣”中？

举个例子，小明“擅长调酒”，在大众眼里是一个有趣点。在小明所在的调酒爱好者圈子里，也是一个有趣点。同时，小明自己也非常喜欢调酒。那么我们就可以认为对甲而言，“调酒”这个技能就落在三个有趣覆盖的中心地带。

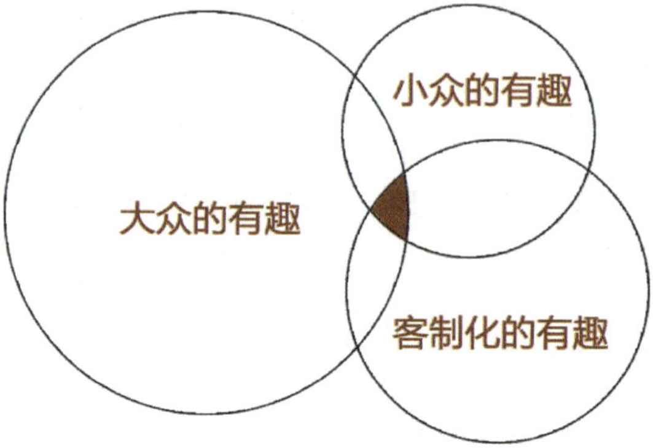

其他变量不变，假设小明不喜欢调酒，只是为了在酒吧上班苦练职业技能。那么“调酒”这个技能就落在“大众的有趣”和“小众的有趣”的重叠地带。

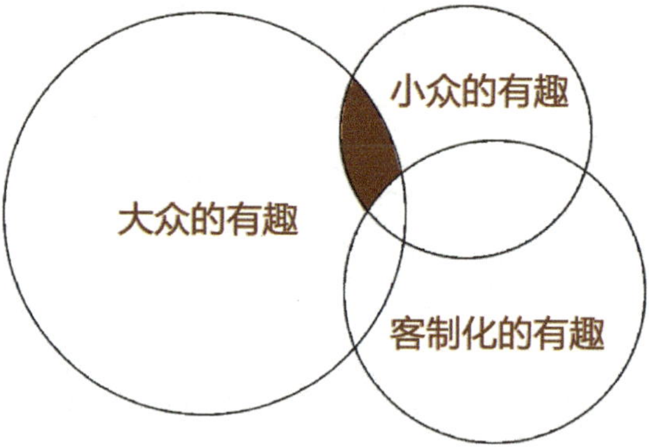

假设其他变量不变，现在我们把小明时空平移，拉到1923年的美国——新教徒施行禁酒令的时代，“调酒”至少在明面上无法成为被人赞叹的技能。那么“调酒”这个技能就落在“小众的有趣”和“客制化的有趣”的重叠地带。

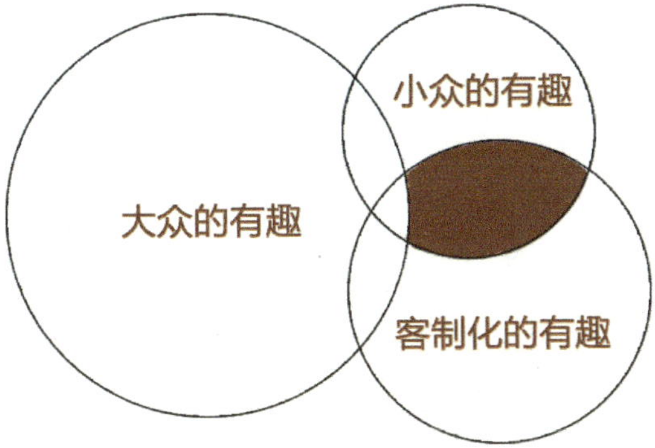

再假设其他变量不变，小明的家乡是个民风保守的小镇，小镇上有很多非常保守的长辈，他们认为酒吧不是什么“正经人去的地方”。那么当小明春节回家站在小镇上的亲戚堆里的时候，“调酒”这个技能对于他就处于“大众的有趣”和“客制化的有趣”的重叠地带。

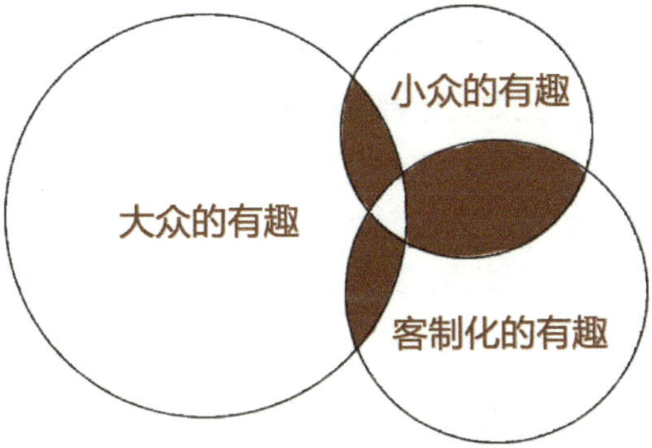

在三个圈最中间的重叠部分可以实现最高效的“有趣”，可以把这个排到最优级别（如下图的a）；两种不同的“有趣”的重叠部分可以实现次高效的“有趣”这个排到次优级别（如下图的b）；双不沾的孤立的“有趣”实现效率最低，可以排到最后（如下图的c）。

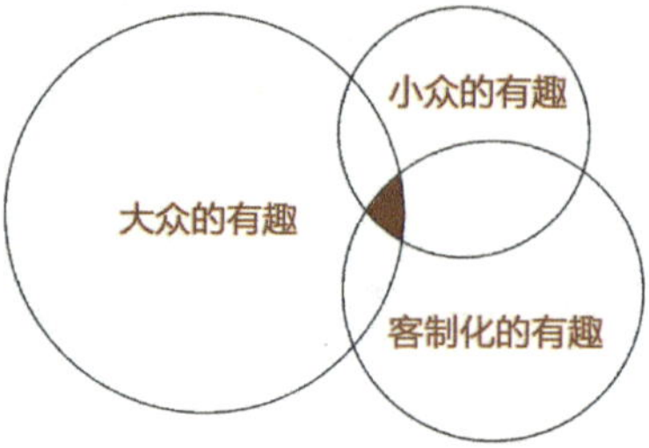

（a）

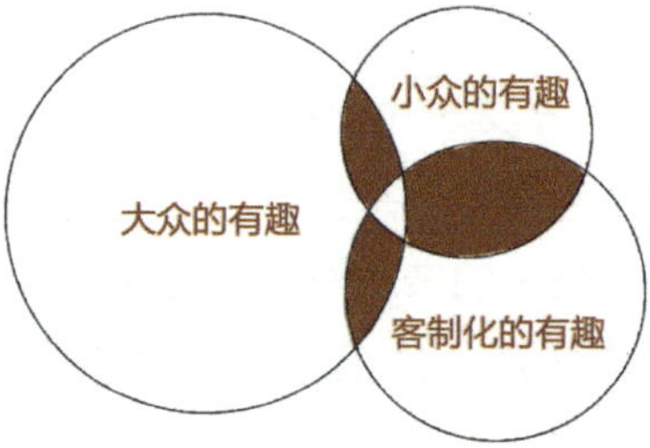

（b）

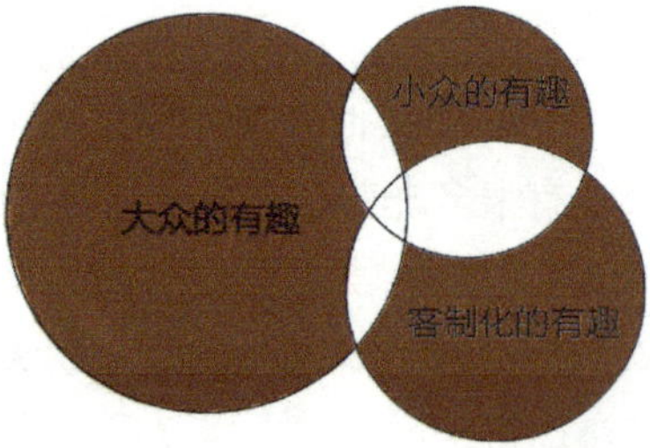

（c）

如果你完全不在乎大众的目光，纯粹的“大众的有趣”这一块内容可以不涉及，比如大家都很热衷你可能丝毫不感兴趣的东西，可以是旅行、娱乐新闻、综艺节目，你不担心别人说你无趣，也不担心跟泛泛之交没有话题聊天就好——陈景润就是这种人，在孤立无援的年代，他除了数学，其他什么都不感兴趣，他能够从数学研究中获得人生需要的所有乐趣。

如果你没有那么超脱，希望维持良好的社交关系，那么不妨稍微了解一些大众关注的信息，虚应一下故事。

一般来说，人的个人爱好大多数恰好也是落在“大众的有趣”中，这也是我之前说的“人无癖不可与交”的另一面解释：有爱好的人会更有趣一点。

如果你现在想追妹子或是撩汉，想让一个特定的人觉得你有趣；或是只想讨好自己，那可以走“定向有趣”的路线：猜测对方认为有趣的方向，并为之精进。

我们知道审美标准并不是唯一的，“纸片人”是一种审美，“屁股大好生养”也是一种审美，同理有趣的标准更是千变万化，一个人眼中的有趣，可能在另一个人眼中就成了无聊，甚至庸俗。

认清这一点，就能对他人对自己的不解和指责报以白眼，认清这一点，也能对他人独特的兴趣爱好、生活方式等报以接纳。

小众和我

人真是一种矛盾的动物，有时候喜欢高调宣布自己多么与众不同，有时候迫不及待跟风怕被人说不一样。当大家都想要与众不同的时候，就成了被跟风的与众不同。

于是就形成了一个千古悖论——

当大多数人追求“非主流”的时候，就意味着“非主流”已经成为“主流”，此时不甘主流的我是投入到“非主流”的主流中，还是保持主流状态不变，成为滚滚时尚中的“非主流”？

先锋派的存在是为了反对大众化和商业化，直到它自己也变成大众化和商业化的东西，然后它便反过来攻击它自己。如果非情节“艺术电影”有朝一日火起来，大赚其钱，先锋派将会反叛，谴责好莱坞将自己出卖给呆板刻画式的影片，并将经典形式据为己有……一部艺术史即是一部复兴史：传统的偶像被先锋派砸碎，随着时间的推移，先锋派又变成新的传统，到头来又会有一个新的先锋派利用其祖父的武器来攻击这个新的传统。摇滚乐本来得名于黑人指称做爱的俚语，它发端于一个反对战后时代迎合白人中产阶级口味的音乐的先锋派运动。现在，它已成为音乐贵族的定义，甚至能被当作教堂音乐而广泛使用。

——《故事：材质、结构、风格和银幕剧作的原理》

罗伯特·麦基

这个悖论表现在某些小众歌手的粉丝上，就是这样的心态：我喜欢我的偶像，希望他成功走红，但我又不希望他走红后成为大众歌手。

很多演员、歌手一不小心走红后，老粉丝和新粉丝之间会爆发某种微妙的内部对立：对老粉丝而言，新粉丝剥夺了他们“喜欢一个小众歌手”的优越感，对新粉丝而言，“粉丝和粉丝之间还有高低贵贱？”

老粉丝中大多数会抱着一丝遗憾继续支持下去，而另一些人则会走两条路线：

1. 转移爱好到其他小众的领域，去喜欢另一个艺人。
2. 强化粉丝群内部的细分领域，让自己的爱好不那么大众一点，粉丝还分“剧粉”“颜粉”“角色粉”“综艺粉”，指定某对“CP粉”（CP：couple的缩写，指将两个人凑对，CP粉即粉一对儿，CP不限男女、男男、女女）“真人CP粉”“角色CP粉……如果一个演员在走红之前拍过大量剧，无论那剧多烂多冷门——相信我——都会有人表示“这是我的最爱”。

随着人们对物质和精神需求的不断细化，以及这种“不从众”心态的暗示下，小众文化的崛起势不可挡。衣服不能撞衫，香水不能“街香”（爆款香水），手机因为就那么几家无法避免“街机”，那就用各种手机壳包出个性。大量年轻人在有意无意宣告着：我不在乎“大众的有趣”，我要“小众的有趣”，我追求小范围内的认同——殊不知这恰恰也是大众文化的趋势。

小众是大众的一部分而已，没有什么特别的意义。

追逐小众是追逐大众的一部分，不会让你看上去更高级。

归根到底没有什么小众大众，有的只是“我”和“他人”。

我

重申“如何成为有趣的人？”这个“有趣”有两个议题：

1. 作为interested解读，即“我认为活着挺有趣，我对生活感兴趣”。
2. 作为interesting解读，即“我让人觉得我有趣，别人对我产生兴趣”

大多数人看到这个问题的第一反应是第二个议题，但在第一个议题面前，第二个议题就会灰飞烟灭。我写了那么多第二个议题，只是因为社交中的人的确需要这个议题。但第一个议题，才是生活真正的意义。

我们为什么要追求别人的认同？

为什么要让别人觉得我们拥有美丽、有钱、能干、有趣等特质？

在社交场合上装有趣很容易，多看书，少说话，提高信息输出的效率，根据脸色调整信息内容就是了——信息库大到一定程度，就会成为一个什么都可以聊得有意思的人。

但问题是：我不需要别人来判断我有趣还是无聊，我自己知道我活得有趣不有趣，不行吗？

有趣是多么"客制化"的东西，再好的东西总有人讨厌，再烂的东西总有人捧臭脚，梵·高生前郁郁不得志，巴赫死了五十年没得到重视，苏格拉底被民主雅典投票投死，布鲁诺被教会炭烤，他们在当时可都是全民讨厌的人，即使被讨厌被无视，你又焉知你不是正确的那个？

做人要有这样的底气，在美不美、胖不胖、有趣不有趣这种标准不定的事情上——

如果有人觉得你丑，那一定是他没眼光，美丑标准自古多变；

如果大家都觉得你丑，那是时代审美都跑偏；

如果有人觉得你胖，那一定是他没常识，肉肉是热量的保障；

如果大家都觉得你胖，那是大众尺度不健康；

如果有人觉得你无聊，那一定是他没智慧，你明珠暗投；

如果大家都觉得你无聊，那一定是群体水平低下；

只有服装店导购才能判断你美不美，

只有医生才能确诊你胖不胖，

只有你自己才知道日子过得爽不爽。

这种话不是在励志鸡汤文里说一说而已，而是要真正相信它——

有人骂你的时候，第一反应是冷漠脸，而不是鸡血上涌急怒攻心；

有喜欢的小众产品走红的时候，第一反应是"我眼光不错"，而不是失落感弥散；

在“关我屁事”和“关你屁事”的交错中，我们有权尽一切可能去选择自己想要的生活，去白眼他人，去无视他人的白眼。

寂寞也好，热闹也罢，或忙成狗，或懒成猪，或积极上进，或消极抵抗，或矫情造作，或将心比心，或浪迹天涯拍照片，或死宅成性拆快递——

没什么状态不可以——除了穷。

学王熙凤的话说，就是：“普天下的人，我不笑话就罢了，竟叫人笑话我不成？”

素来只有我看天下人“有趣”与否，岂能在乎别人看我“有趣”与否？

我和他人

我喜欢行千里路读万卷书看天下人，我喜欢和有趣的人交手。

人与人的交流是一场探险。它是两个人两个世界观的碰撞，碰撞的结果可能是毁灭，也有可能是交融。发现一个有趣的人，就是发现一个新世界——是对旧世界的突破，对新世界的探索。而一个人是否有趣在于他分享给你的新世界有多大。

但探险本身不是一件很舒适的事情，至少和蹲在家里比起来，探险的快感必须在种种艰难险阻后才能享受到。

我的一个老前辈给过我一碗鸡汤：工作的时候，他最害怕的是舒适感。因为上坡的人不会觉得舒服，如果你觉得舒服，你就是静止的状态，你就危险。

我觉得思想上也是这样，努力在非常舒服的时候自己去找不适感，去分析思考问题，去质疑自己的观点，去打破自己的思想桎梏，而不是去“求认同”。尽量去一点一点啃食让我觉得辛苦的艰深的书，而不是止步于高潮迭起的快感文字爽到飞起。

当我战胜了不适感的挑战，就会感受到成功的喜悦。我知道，从此我的世界观又修正了一点稳定了一点，能让我不适的事情，越来越少。

有趣的人往往不是那个给予“绝对舒适”感的人。

那些我可以轻松胜任毫不费力完成的工作做完后，我会觉得不错，不会太开心。让我念念不忘的，却是那些艰难辛苦后完成的项目。

让人念念不忘的，也是这样的人。

有趣的人，他有自己的世界，他不是走进你的世界，而是为你打开一扇窗去参观他的世界。或许他的世界让你感到惊讶，甚至不认同。但经历一段时间的磨合以后，你开始理解欣赏他的世界，从此你与他彼此都拥有了两个世界。

所以，首先，你要有一个自己的世界，完全属于自己的稳固的世界。你敞开世界欢迎别人来游走参观，参观者可以是路人亲友，可是古哲先贤。你自己则每日在这个世界里修修补补自得其乐，有时候也会自己给自己刮一场龙卷风，放一把火，让一切推倒重来。

我不喜欢被人调教，也不喜欢操纵别人。

我喜欢，互相玩。